U0571678

谨慎的沉默

格拉西安人生智慧书

Oráculo Manual y Arte de Prudencia

[西] 巴尔塔萨尔·格拉西安 著

王伶俐 译

北京理工大学出版社

BEIJING INSTITUTE OF TECHNOLOGY PRESS

版权专有 侵权必究

图书在版编目（CIP）数据

谨慎的沉默 : 格拉西安人生智慧书 / (西) 巴尔塔萨尔·格拉西安著 ; 王伶俐译. -- 北京 : 北京理工大学出版社, 2022.12

ISBN 978-7-5763-1702-2

Ⅰ.①谨… Ⅱ.①巴… ②王… Ⅲ.①格言—汇编—西班牙②警句—汇编—西班牙 Ⅳ.①H343.3

中国版本图书馆CIP数据核字（2022）第170818号

出版发行 / 北京理工大学出版社有限责任公司

社　　址 / 北京市海淀区中关村南大街 5 号

邮　　编 / 100081

电　　话 / （010）68914775（总编室）
　　　　　　（010）82562903（教材售后服务热线）
　　　　　　（010）68944723（其他图书服务热线）

网　　址 / http://www.bitpress.com.cn

经　　销 / 全国各地新华书店

印　　刷 / 三河市金元印装有限公司

开　　本 / 880 毫米 × 1230 毫米　1/32

印　　张 / 4.25　　　　　　　　　　　　　　责任编辑 / 申玉琴

字　　数 / 90 千字　　　　　　　　　　　　文案编辑 / 申玉琴

版　　次 / 2022 年 12 月第 1 版　2022 年 12 月第 1 次印刷　责任校对 / 刘亚男

定　　价 / 29.00 元　　　　　　　　　　　　责任印制 / 施胜娟

图书出现印装质量问题，请拨打售后服务热线，本社负责调换

译序

　　格拉西安的这部人生智慧书，汇集了三百则绝妙的格言警句，字字珠玑，通俗实用，内容涉及识人断事、修身养性等人生智慧。本书在全球范围内流行甚广，是一本兼具哲理性、实用性、伦理性的谋略智慧之书。

　　作者巴尔塔萨尔·格拉西安，1601年出生于西班牙的阿拉贡，青少年时期，他在托雷多与萨拉戈萨修习哲学与文学，18岁时入耶稣会，此后50年中，历任军中神父、告解神父、宣教师、教授，还担任过几所耶稣会学院的院长。1637年，格拉西安出版了他的第一部作品《英雄》，接着在1640年出版了《政治家》，这两部作品着重论述的是政治领袖的理想品质。格拉西安的入世情怀，和耶稣会的清规戒律有着颇多的冲突，他曾因笔锋犀利、讥讽政治，被耶稣会警告，未获批准不得出版作品。因此，他的书都是以其兄弟洛伦佐的名义出版的。然而即便如此，他的言行还是不被教会当局所容，1638年，罗马的耶稣会会长下令将格拉西安调离神父之职，理由竟是"假其兄弟之名出版书籍"。此后许多年，格拉西安又多次受到警告，戒令他未经允许不得出版作品。1657年，他的讽刺巨著《批评大师》（1651—1657年）第三卷问世，教会终于忍无可忍，解除了他在萨拉戈萨的圣经教席，将他放逐到一个乡下小镇，并下令严加监视，次年，格拉西安在那里去世。格拉西安的一生虽然坎坷，但他的思想对许多欧洲著名道德伦理学家以及德国17—18世纪的宫廷文学和19世纪的哲学产生了重要影响。

关于格拉西安的这部人生智慧书，叔本华曾这样评价："它绝对独一无二，严格来说，此前尚未有任何一本书讨论过这一勇敢的主题。除了这位西班牙人，不曾有任何人致力于此。它所讲授的，乃是所有人都乐意践履的技艺。因此，这是一本为每个人所写的书。"他还说："这样的书，仅仅通读一遍显然是不够的，它是一本随时都能用上的书，简言之，它是一位终身伴侣。"尼采对这本书也毫不吝啬他的赞美之词，称"格拉西安的人生经验，显示出今日无人能比的智慧与颖悟"。

格拉西安是17世纪文笔最为简练的作家之一，那个时期，欧洲人文主义者响应利普修斯（Justus Lipsius）行文言简意赅的倡议，喜欢阅读塞内加与塔西陀的作品，不喜欢西塞罗的繁华辞藻。格拉西安的文笔风格，在翻译作品中辨识度很高：常见的对偶与矛盾用法；常用的省略法，双关语与其他类型的文字游戏浓缩其意义；句与句之间用句号隔开，缺乏连接性（例如，警句与评论之间常突兀转换，评论本身也往往似乎有些脱节）。这些特征不仅仅是作者行文的独特风格，也是源于他对人性的独特看法。书中反映出来的文体特点，如机智、紧凑、简洁、精到……这些同样也是生活中的智慧。书中的三百则箴言警句毫无顺序或系统可言，有评论家认为"这正体现了我们的实际生活，杂乱无序，毫无章法可言"，或许此番评论倒也符合作者的原本意图。在格拉西安看来，生活就是一门高级艺术。

然而，任何一本书都只是为我们打开看世界的一扇小窗，我们应多角度观察。本书被欧洲学者称为人类思想史上最伟大的三部智慧奇书之一，它所承载的西方哲学、文化思想等有很大的研究空间。和所有箴言警句一样，书中每句须细嚼慢咽且每次少许，细细体会。

由于文化差异，文中涉及很多希腊、罗马的神话人物和民谚典故，译者在翻译过程中采用多种翻译策略，力求传神达意，文中也会有简练的解释说明以便读者理解。文中涉及的许多耳熟能详的作家及其生平事迹，大家可以自行查阅。

格拉西安的这部人生智慧书，笔法简洁，含蕴隽永，行文多用对偶、双关等修辞手法，汉语译文要想准确传神，殊为不易。译者自知才浅笔拙，错谬抑或不免，读者方家，幸祈正之。

王伶俐
二〇二一年于南昌大学

1. 凡事尽善尽美后，成就真我①方为完美之巅。 如今成就圣贤难得，难以成就古希腊七贤。倾往日一国之力，尚不足今日一人所需。

2. 性格与才智，个人天赋才能的两大支柱。 成功路上，良好性格与聪明才智二者缺一不可。徒有才智，万事不足，性格辅之，功业方成。愚蠢之人之所以会失败，是因为他未考虑自身的处境、地位、出身或者人际关系而鲁莽行事。

3. 凡事留有悬念。 出人意料的成功总是会让人心悦诚服。耳目昭彰既无用亦无趣。不急于表态便会令人捉摸不定，位高权重时尤其引人翘首企足。奥义便是因为神秘莫测才备受推崇。即便是要展现自己，也不必完全推心置腹，不要让人看穿自己。谨言慎行，君子之道。决心一旦展露无遗，既得不到尊重也容易遭到非议。倘若结果不尽如人意，便是双重打击。倘若希望得到他人的关注与扶持，效仿神

---

① 对于作者而言，并非人人都可称为真我。只有不断追求道德上的完美才可以成就真我。

明方为明智之举。

4. 学识和胆识共同造就伟业。知识和勇气永恒不朽，伟人也因此万古流芳。学识成就自我，博学睿智便可得心应手。而无知之人与黑暗世界自成一体。判断力与勇气犹如人的双眼与双手，若无胆识勇气，学识智慧亦会是无果而终。

5. 为人依仗，受人依赖。神明贵在人心之向往而非流于神庙之形式。君子施而无求，恩施不报。盼头比薄恩更为贵重，锦上添花无人记，雪中送炭希望生。为人依仗胜过受人礼遇。饮水解渴之徒，转身忘泉；金玉爆浆之果，转眼化泥。若无依赖，礼遇不再有，尊崇亦不再有。经验训诫弥足珍贵的一点即是要为人依仗，受人依赖方显自身贵重，皇亲贵族亦有所求。但求而不得会使人误入歧途，自私利己又会害人性命不保，凡事皆不可操之太过。

6. 力求完美。人非生而完美。务求德业兼修，日臻完善，力尽所能，成就卓越。完美之人皆品味高雅，智力精纯，意志明确，判辨老练。人无完人，总会缺东少西。有人则会经年累月独善自养。善断其言、慎重其事的完美之人令言行审慎的名流社会认可倾心。

7. 不争领导锋芒。为人所败总会心情恼恨，击败领导则是愚不可及，后果致命。自命不凡之人，于领导上司而言，总是面目可憎。普通才华须韫于甚微之处，犹如美貌须敛于不经意间。因运势、性格、气质胜人一筹，多数人尚可接受。但在才智之处甘拜他人下风者，尚无一人，为人领导者，尤为如此。才智为众才之首，凡是才智方面的冒犯之处都是罪无可赦。领导必须是才智之巅。君王喜欢被辅佐而不是被超越。劝告谏言之时，伪装提点的是其遗忘忽视之处，而非其目光短浅之处。宇宙曼妙，便在此处。漫天星辰，璀璨闪耀，却从不与日争辉。

8. 精神品质之巅：不意气用事。优越感使人免于受粗俗下流，一时印象之左右。征服之最乃是自制克己：心坚志笃之成。即便自身负气斗狠，职责所在也万不能受其影响，高位要职尤为如此。这便是避害免扰的锦囊妙计，亦是受人敬重的终南捷径。

9. 力克故土的不足之处。河床土质决定河水水质，一方水土养一方人。世上有人生来就处于朗朗乾坤之下，更应对故土心存感念。任何国家，即便最文明进步，也或多或少的有些不足之处，而这些不足之处便是周边各势力引以为戒或聊以自慰的劣势所在。对于这些民族劣根性的补偏救弊之举或至少掩过饰非之举都是一次胜利。物以稀为贵，如此之举，你便是独一无二受全民推崇的。另有一些不足之处是由个人的血统、境遇、职业和时代所造成的。倘若一个人身上集合了这所有缺点，未能预察也未能纠正，他便是这举世难容的所在。

10. 名声与财富。 前者变化无常，后者结实稳固。财富乃是人生存之本，名声随后方能助人立身。财富怕人嫉妒，名声怕人遗忘。时而努力便可求财得财，坚持不懈方可求名得名。实力与精力共同孕育出这声名显赫。从来都是伟人名声永相随。名声也从来都是非此即彼，不留余地：不是妖魔鬼怪，便是天降奇才；不是臭名昭著，便是有口皆碑。

11. 择师而友。 友好关系为博学之地，交谈会话为教学之神。择益友为师，笑谈之中学以致用。须乐与善解人意之人为伍，所言为人所赞颂，所听为己所学。通常，令人心之所向即自身兴趣所在，高雅情趣所在。审慎之人常见于豪杰之门：这里是英雄之台而非沽名钓誉之地。有人以博文强辩闻名于世：他们以身作则，广交贤士，饮誉天下。与之为伴的志同道合者自成英勇慎重睿智一派。

12. 自然与艺术，素材与人工。 所有美好事物都需要陪衬。完美之物若不能以能工巧匠加以升华也会变得野蛮粗俗。奇技特工可以补拙增彩。自然之物急需之时往往令人失望，人工巧技可解燃眉之急。若无人工修养，最佳气质也会粗野庸俗。若无文化底蕴，完美本身也会大打折扣。若无艺术技巧，人们也会显得粗野无礼。完美本身也需雕饰润色。

13. 通晓他人意图，谋定而后动。 人生在世本是一场除邪斗恶的战争。狡诈者用各种诡计武装自己，但从来都是声东击西。假装瞄准一个目标，像煞有介事地佯攻一番，其实心底里却在暗自瞅准别人不留心的靶子，然后伺机而动给予致命打击。有时他似乎不经意间流露出自己的心思，实际上这是在骗取他人的注意和信赖，目的在于在适当时机突然一反常态、出奇制胜。明察秋毫之人对此种伎俩往往在默默观察后加以阻截，审慎伏击；观其表面张扬之意而作反解，可即刻识破其虚假勾当。聪明之人常常对其前期企图故意放水，以便引出其后期意图。玩弄诡计者一旦看到自己的阴谋败露，便伪装得更精巧，往往以吐露真言引你上钩。他们改变策略，故意装作毫无心计来迷惑他人。他们把自己的狡猾奸诈建立在最为真诚坦率的基础之上。但明察之人看穿这一切，阴谋诡计藏形匿影也会暴露在阳光之下。敏锐的洞察力破解那狡诈的企图，最单纯的外表下其实包藏着最深的祸心。

蛇怪皮宋[2]也是如此这般与阿波罗神那坦诚的洞察之光相搏。

14. 现实与风度。腹有诗书尚不足够，立场坚定还需境遇合适。风度欠佳只会把事情搞砸，公平正义、理性缘由也荡然无存。风度翩翩则能补过饰非：婉言谢绝让人觉得难能可贵，陈述真理让人觉得甘之如饴，年老色衰也能让人觉得漂亮可爱。如何行事非常重要，风度仪态令人倾心。风姿气度人生至宝。言行得体便可摆脱千难万险。

15. 广纳贤才。强者周边皆有诸多贤人志士为其出谋划策、冲锋陷阵。用人唯才是智者之举：这比总想奴役被其征服的他国君主的提格拉涅斯[3]高明多了。掌控他人，这才是功夫下在刀刃上：巧妙地使拥有得天独厚才能的人归附自己。浮生苦短，学海无涯，知之甚少，生也为难。要想无须苦读便能学有所成，这需要非凡的技巧：集众人所学，便能超众人所能。要做到这一点，你需广交朋友，为很多人发言。有多少人为你出谋划策，你就代表多少人，感谢他人的努力让你获得圣人的赞誉。选择一个主题，让你的贤士们各显神通，各展所

---

② 古希腊神话中从丢卡利翁大洪水的污泥里孵出的蛇怪，后来被阿波罗神杀死在希腊帕尔纳索斯山脚下。

③ 公元前1世纪亚美尼亚君主，曾征服帕提亚。对所俘虏的君主十分轻慢、残暴，常驱使他们为侍从。

长。若不能掌握学问，便以学问为友。

16．学富五车，心术虔诚，方能马到成功。若领悟理解与心术不正结缘，非但不是金玉良言反而是欺人之谈，不良居心会毒害侵蚀完美之意。一旦学识助纣为虐，其毒害侵蚀更为微妙莫测。惯长卑劣下贱之事，杞梓之才也会下场惨淡。学富五车却是非不分之人害人更为丧心病狂。

17．行事作风，千变万化。方法灵活多变，此举迷惑人心，尤其会迷惑对手，引发他们的好奇心与注意力。若总是按照第一计划行事，他人会预知事情发展如何并会加以挫败。捕杀直飞之鸟易如反掌，四处飞无定术之鸟难以俘获。也不要重复自己的第二计划，凡事重做两回，他人会识破诡计。别人不怀好意，你须精明敏锐方能技高一筹。高超的棋手对弈时不会正中对手下怀，更不会如对手所愿。

18．实力与实干。若要卓绝出众，此二者缺一不可。双剑合璧，无往不利。实干的平庸之辈比空谈的高明之辈更有所作为。实干创造价值，实干赢得荣誉。有人连最小的差事都不肯卖力。实干全部仰仗于个人的性格品性。无关紧要之事上庸庸碌碌倒也无妨，你可以为自己开脱，说自己大材小用。但安于这种最低下的工作庸碌无为，却不思在最崇高处威名显赫，就不要冠冕堂皇地借词卸责了。才能兼备，实干才成大业。

19. 事情伊始，不使人期望过高。 备受赞赏之事很少能不负众望。现实与理想还是有差距的。完美之事，想想容易做起来难。想象与愿望之子，比现实夸张太多。不管事情如何妙不可言，它也无法满足我们的先入之见。想象力无法得到满足犹如遭人欺骗，因此卓绝出众之事往往令人失望而非令人崇拜。希望是最好的弄虚作假者。明智的判断力可以约束希望，使享受超过欲望。体面的开局是为了引发好奇心，并非要让人期望过高。若现实超出预期，结果高于预想，我们便会更快乐。本条规则不适用于坏事：恶事先被夸大，发现真相后人们反而会对它拍手叫好。原以为毁灭性的事如今反而可以忍受了。

20. 生逢其时者。 绝世超伦之才仰仗于时代，并非人人都能生逢其时，生逢其时者也并非人人都能掌握良机。因为善良美好不是总会胜利，有人生不逢时。一切皆有定数，绝世超伦之才也有时兴时退之事。然而智慧自有其独到之处：永世不朽。怀才不遇只一时，锋芒得意待他日。

21. 成功之道。好运自有规律，聪明人不会事事靠运气。努力勤勉，时当自然。有人信心满怀，坐待命运之门开启。有人则更为通情明智，审慎大胆地步入命运之门。以美德与勇气为翼，胆识过人方能找到好运，终能抓住机遇。圣人却只需依从一条：美德与审慎，因这时运无常总在一念之间。小心为上，鸿运齐天；轻率大意，厄运绵绵。

22. 眼观六路，耳听八方。行事周密之人温文儒雅、学识甚高：其言并非粗俗八卦之流，而是经世致用之学。他们妙语连珠，胆识过人，言行举措，适得其时。忠言常逆耳，但插科打诨式的忠告要比照本宣科式说教更利于行。有人在闲谈之中得到的智慧要比无比高雅的七艺学习得到的更多。

23. 瑕不掩瑜，遮掩有道。凡人皆有德行不足之处或性格缺陷之点，轻易便可克服之处，多数人会放任自流。绝世超伦之才为一瑕疵所害，则令审慎之人唏嘘不已：浮云遮望眼，不见天日。尺瑜寸瑕，心怀恶意之人则会胡搅蛮缠。但瑕不掩瑜，遮掩有道。恺撒大帝也是用其桂冠遮掩自身的不足之处④。

---

④ 恺撒大帝曾以桂冠掩饰其秃顶。

24. 羁束幻想。羁束想象力需要松弛有度。幸福快乐的源泉来自幻想：理智约束幻想乃为正道。幻想有时会暴虐蔓延，不甘于猜测想象，付诸行动后会占据主宰个人生活，让生活或喜或悲，让我们或郁郁不得志，或扬扬自得意。对某些人来说，幻想愚弄人心，蠢人深陷其中，幻想只带来悲哀。对某些人来说，幻想把欢乐刺激，精彩斑斓的生活娓娓道来。只要没有审慎小心，没有常识判断，幻想便可如此为所欲为。

25. 见微知著，洞烛机先。善于推理乃技艺之最。如今善于推理尚不足够，未卜先知才能让自己从他人的轻易算计之中幸免。只有学会察微知著方可称聪慧过人。有人善解人意，对他人意图洞若观火。至理名言向来语焉不详，审慎之人方能心领意会。貌似有利可图之事，万勿轻信。貌似可恶讨厌之事，加紧勉励。

26. 掌握他人弱点为把柄。动人心意，自有妙计，非决心信念可达。洞察人心方可有所为。人各有所好，各有所爱。凡人皆有崇尚之物。有人重名，有人重利，也有人重享乐。此处秘诀便是寻得那令人心动之处，投其所好便可将他人之心了若指掌。那心动之处，往往不是那举足轻重或出尘脱俗之物，而是那低俗粗鄙之物，因为不安本分之人总比循规蹈矩之人众多。先衡量其性情品质，再触及其弱点短处。只要以心动之物引诱蛊惑，其必上钩无疑。

27．术业有专攻，杂不如精。完美在于质而非量。精品往往个小且量少；量多者无誉。人中龙凤常为矮小者。有人博览群书，得人赞誉，书量之大犹如锻炼臂力而非锻炼脑力。广为涉猎必难超越平庸，通才往往样样涉猎，样样稀松。术业有专攻方能崭露头角，若从要务，则必得美名。

28．万事须超凡脱俗。品味必当高雅。不愿哗众取宠之人相当睿智。言行谨慎之人从不屑于他人的喝彩吹捧。有人却爱慕虚荣，犹如那见风使舵的变色龙⑤般享受众人吹嘘捧场的污浊气息而非太阳神祇令人沉醉的和煦清风。认识也应超凡。无须理会普罗大众所吹捧的高人怪杰：不过一群跳梁小丑。看客观众皆对浅见陋识推崇备至而对真知灼见视如草芥。

29．守正不阿，立场坚定。坚定与理性为伴，粗鄙意气，淫威暴虐，皆不可动摇你心分毫。公平正义之士何处寻？世人少有耿介

---

⑤ 变色龙是虚荣的代表，人们认为它靠空气生活。

义士。推崇者众多，实践者极少。身处险境，追随正义者也便止步于此。虚伪小人弃它如敝履，政客阴险化它为面具。友谊、权力甚至自身之利都可舍弃的正义之感最终也会被人舍弃。聪明机灵之人巧言诡辩其"大格局"与"安全观"，忠诚正直之人视不忠不义为叛举，比起前者，忠诚正直之人以自身的坚定顽强为傲，真理也往往与他同在。他与众不同，并不是他自身难以捉摸，而是他人舍弃了真理。

30. 不沾染污臭粗鄙之事。荒唐之事更要敬而远之，由此引起的冷讥热嘲甚于威信声望。任性妄为之流五花八门，神志清醒之人应挣脱所有。有人肆意放荡，智者弃之否之者，来者不拒。因其各类怪癖乐享其中，嘲讽讥笑倒也使之臭名远播。求知之时，审慎之人在某些事情上应避免矫揉造作，避免万众瞩目，使自己免于荒唐可笑。列举事例徒劳无益，大众笑柄足以证明。

31. 结交幸运儿，远离倒霉鬼。愚蠢导致霉运，在愚氓之中会一传十、十传百。勿以小打小闹而忽视，大灾大难往往只离我们一门之隔。关键在于应该扔掉哪些牌。眼前赢家握在手里最差的牌也比输家手里已放下的最好的牌要重要得多。犹豫不决之时，结交聪慧谨慎之人，他们早晚都会交好运。

32. 平易近人，为人所知。为人领导，此举深得人心。领导者一大优势就是相比其他人更易施行善举。朋友即行友好之事之人。有人故意不得人心，并非因为善解人意惹人烦累，只因其为人乖张别扭。任何事情他们都拒绝顺利沟通。

33. 取舍有时。拒绝他人他事，尤其是拒绝自己乃人生大课。琐事徒耗时，为此奔波劳碌比无事可做更为糟糕。谨慎而言，莫管他人闲事尚不足够，莫让他人插手自己的事也很重要。莫要常附属他人，否则会失去自我。莫要滥用友谊，所求无度。与人交往尤其如此，过犹不及皆是害。为人如此明智适中，他人自会对你青睐有加，尊敬有余。礼节规范，弥足珍贵，永不消失。自由畅享你所珍视之物，切勿与高雅品味背道而驰。

34. 特长天赋，自知自明。培育特长天赋，滋养其他才能。人若自知自身所长，皆可有所建树。自忖所长，尽其所长。有人擅明辨，有人善胆识。多数人自忖智力过人，结果一事无成。热忱蒙蔽欺骗，激情献媚奉承，结果竹篮打水一场空，所长非此，悔之晚矣。

35. 要事深思熟虑，遇事仔细斟酌。愚人之所以失败，败在缺乏思考。他们做事不经大脑，看不出事情利弊，也就无谓努力。有人思考事情本末倒置，微不足道的事情格外关注，举足轻重的事情却毫不关心。很多人做事绝不会没头没脑，因为他们并无头脑可言。我们遇事需思虑周全，牢记在心。明智之人遇事权衡斟酌：他们对深奥之事或疑虑之事深究细查，有时见微知著，叶落知秋。其思虑深度远胜于表面理解。

36. 借势而为。此时行动有力，全心投入。此举胜于弄清自己主要脾性，胜于了解自己身体结构。不惑之年祈求希波克拉底（医学之父）赐予身体康健愚不可及，祈求塞内加（哲学家）赐予睿智聪慧更为无知可笑。掌握时运需要高超技艺，尽管我们永远无法明白时运的风云万变，时运有时磨磨蹭蹭，你得静待时来，有时顺风顺水，你得借势而为。时运青睐于你，你便大胆前进，时运赏识勇敢之士，犹如美女爱小伙。时运不顾，暂缓行动。撤回退守避免再次铩羽而归。若能掌握时运，人生更进一步。

37. 善听弦外之音，巧加利用。处世为人此术最妙。考察心计，探察人心最为有用。有些旁敲侧击之言心怀恶意，淡漠大意，以嫉妒之情动之，以盛怒之毒污之：雷霆之击直接让你身败名裂。恶语伤人，有人便因此一败涂地。当权者摒弃这含沙射影之言便在群体阴谋和个人恶意之前毫不畏惧。有些弦外之音，恰恰相反，善意满满，有助于我们巩固声望。鉴于这些含沙射影之词心怀不轨，我们须见招拆招：接招小心，以静制动。学识有助于防备，洞察先机，提前规避。

38. 适可而止，见好就收。赌场高手皆是如此。进也巧，退也妙。一旦收获丰富，即立刻兑现，功成身退。一直顺风顺水总会疑影重重。运势起伏，得失参半方为保险，苦乐参半之意也尽可享受。好运突袭，一不小心极有可能一切灰飞烟灭。有时幸运女神会给予补偿，补偿力度换成补偿时限。但背负太久幸运也会疲惫困顿，见好就收，方为上策。

39. 躬逢其盛，恰逢其时，因利乘便。世间一切皆以完美为限。此前，日引月长，之后日渐消弭。艺术作品少有完美无缺者。品味高雅之人知晓赏鉴其巅峰之时。非人人皆可品鉴，非人人皆会品鉴。智慧之果也会瓜熟蒂落，恰逢其时方能因利乘便，珍视运用。

40. 慈悲为怀。万众敬仰不如万众归心。运气为一，勤勉为二，后者尤为重要。运气先导，勤勉功成。众人皆以为有名足矣，然而天资聪颖并不足以赢得万众归心。仁义善为本。行万善之事：善言更要善行。若要人爱己，己须先爱人。伟人以礼待人。行在前，言在后。从武到文，先解甲，后为文，文人雅士亦是慈悲为怀，仁义永恒不朽。

41. 万勿言过其实。言尽极端实非明智之举。既违背事实真相且受人质疑判断。夸大其词既浪费你溢美之词且暴露你学识不足，品位不高。赞美之词引发众人关注好奇，关注好奇引发心愿欲望，然而东西被夸大，往往人人满心的期待变成了满心的背叛，众人便会指责颂扬赞美的人并对被颂扬赞美的物进行打击报复。审慎之人克己节制，宁愿言之不足也不愿言过其实。卓绝不凡实属罕见，收敛一些赞誉称颂。言过其实无异于撒诈捣虚。毁人高雅品味，坏人聪慧形象，使人名声落地。

42. 生而为王者。生而为王是种神秘超级的力量。非苦心造诣可达，天赋异禀而已。人人不知所以，便认可其玄妙之力与天威浩荡，皆俯首称臣。生而为王者气派傲然：人君功绩斐然，兽王天赋使然。他们令人敬畏爱重，使人心悦诚服。若有其他才能，生而为王者便是政坛风云人物。他人高谈阔论，慷慨陈词方能实现的目标，生而为王者处之易如反掌。

43．心从少数，话随大溜。逆流而上既难寻真理且危险重重。唯苏格拉底如此大家才敢冒险行事。异议因指摘他人之见犹如对他人的冒犯侮蔑。不管是因为唱衰者还是由于叫好者，多数人会奋起反抗。真理属于少数人，谎言乃世俗之见，司空见惯。公开发言之中不可妄断他人睿智与否。他们往往言不由心，只是话随大溜，内心深处却对此深恶痛绝。明达之人既不与他人意见相左，自身意见也不容他人置喙。明达之人思维敏捷，公开场合却反应迟钝。心之所向，逍遥自在，不可亵渎。明达之人往往隐而不发，对极少通情达理之人才会真情流露。

44．与伟人意气相投。英雄惜英雄，这种惺惺相惜，玄而又玄又大有裨益，实乃世间奇观。性情相投之人，惺惺相惜之意犹如凡夫俗子心中的灵丹妙药般神奇。相知相惜之情既有助于我们扬名立万，也有利于我们迅速俘获人心，赢得好感。无须言语说服，无须丰功伟绩。这种惺惺相惜也分主动与被动正反两面⑥，二者皆能辅助身居高位者成就伟业。识之、辨之、用之皆需技巧高超。此种天赐之福，任何勤勉努力也无可替代。

---

⑥ 作者本意不是很清楚。罗梅拉-纳瓦罗认为，"主动同情"是指能在他人身上引发类似的感觉，而"被动同情"则不是。

45. 有机可乘，不可滥用。重中之重，秘而不宣。藏才隐智方为圣举，众艺引人猜忌，藏头露尾尤为招人忌恨。隐瞒常见，小心为上。人前不露声色，否则他人信任不再。防范之心为人所知，戒备之意便受人抵触，招人报复，引发祸事连连。凡事三思而后行，大有益处。此事最为发人深省。此道娴熟老练方能功成圆满。

46. 控制抵触情绪。尚未了解他人可取之处便厌恶抵触，实则出自本性。有时这种本性凡俗的反感是针对杰出之人的。请以谨慎之心控制自己的抵触情绪：没有比憎恨英雄更自损人格的了。与英雄同行可敬，反感抵触英雄可耻。

47. 行险侥幸不可取。此乃审慎之心核心目标之一。雄才大略之人不走极端。极端之间迢迢千里，审慎之人坚持不偏不倚，秉中行事。只有经过深思熟虑后方可行动，避险易于克难。身陷险境导致冒险决断，逃离险境更为安全可靠。危险会接踵而至，愈演愈烈，险象环生，令人百死一生。有人生性莽撞，劣根难改，惹是生非，导致他人也深陷险境。但理性之人审时度势，明白避险远比克难更为勇气可嘉。既有蠢材无知逞勇，万万不可重蹈覆辙。

48．思想深刻，为人真实。正如深埋于地下的钻石，内在比外表加倍重要。有人空有其表，犹如烂尾楼般，入口豪华如宫殿，内里简陋如草屋。尽管他们一直安静，他们那里没有心灵的安身之所，因为与人寒暄之后便才尽词穷。他们像西西里的骏马，初见招呼时活泼生动，紧接着便如同僧侣入定般默默无言了。才思泉涌方可舌灿莲花，才竭智疲必然直口无言。目光短浅之人易被其愚弄，目光犀利之人便会发现其金玉其外，败絮其中。

49．看得透，摸得准。洞察秋毫，断事如神者了然事内，超然事外。他洞幽烛远，善析人才。其慧眼独具，人才德行一看便知。其明察秋毫之力，实属罕见，细枝末节，隐私秘事也难逃法眼。他观察严谨，思考巧妙，推断慎明：世间万物，无不可发现，无不可留意，无不可把握，无不可了解。

50．自尊不恣意。公平正义使人理直气壮。人应忠实于自我判断而非受制于外部戒律。避免失礼失仪，不怕他人苛责，而惧自我审慎。学会害怕自己便无须塞内加所谓的虚拟证人⑦（良心）监管。

---

⑦ 虚拟证人：谓良心，典出塞内加的《道德书简》一书。

51. 选择须有方。世事多赖于此。品味须高雅，判断须准确；仅有才智与实践也尚显不足。洞察明辨，精挑细选方有完美结果。挑选能力与挑选眼光两种才能涉及其中。诸多足智多谋之人，洞察敏锐，勤勉努力，见多识广，却往往选择无方。他们永远选择最差，犹如特意展现其失败技巧。选择有方实乃天赐之才之一。

52. 遇事沉着冷静。审慎之人不允许事情脱缰失控。真正的人格与心力体现于此，心胸开阔之人不会轻易受制于情感波动。激情冲动心情所至，稍有不慎便会削弱我们的判断力，宣之于口便会殃及我们的声誉。大喜大悲之际，完全掌控住自己，无人因你忐忑不安而批评指责，众人因你从容超凡而心生敬意。

53. 头脑聪慧，功在不舍。勤勉努力可促成灵心慧性踌躇不定之事。愚者做事速战速决，无视困阻，鲁莽草率。智者却常因优柔寡断而功亏一篑。愚者埋头苦干，不管不顾；而智者瞻前顾后，事事忧心。有时判断准确却因效率低下，疏忽大意而出现差错。未雨绸缪，常备不懈乃幸运之母。日事日毕，绝不拖延。有句话甚为高妙：欲速则不达，要急事缓取，从容赶急。

54. 胆大如虎，心细如发。 野兔也敢挦死狮的胡须。勇气如同爱情，绝不可当作儿戏。只要低头屈服一回，就会一而再，再而三地妥协退缩。同样的困境以后也要解决，还是趁早解决的好。心志之勇胜过躯体百倍。如同宝剑在手，利刃在鞘，蓄势待发。此乃自卫之举。心志软弱比身体孱弱更为致命。多少人才华横溢，却缺乏生机，死气沉沉，自己葬送在萎靡不振之中。自然界的先见之明就在于把蜂蜜的甜美与蜂蜇的痛苦凑在一处。人身上既有骨头也有骨气，莫要意志薄弱成了软骨头。

55. 耐得住寂寞，学会等待。 安于等待之人内心强大，耐力深厚。勿急勿躁勿冲动。掌控自我方能掌控他人。遨游时光，待时而举，方为上策。明智的踌躇再三会让成功更为圆满，会使机密更为周密。时间的拐杖比大力士海格力斯的铁棒更有用。（时光悠悠比雷霆万钧成就更多。）上帝惩罚的是拖拉的腿脚而非抓握的双手。俗话说得好："给我时间，什么都没问题。"好运格外青睐那些会等待的人。

56. 思维敏捷。 正面的心血来潮源于精神层面的机敏灵活。对于这种灵活头脑来说，没有危机焦虑时刻，没有意外困扰之事，只有生气满满，活力十足。有人深计远虑，事事出错。有人毫无计划，事事如意。有人抗逆能力[8]十足。越大的艰难困阻越能激发他们的潜能。他们简直就是怪物，所有成功，不由自主，自然促就。一有思虑，必出差错。当时想不到的事情永远也想不到，事后再想也于事无补。反应灵敏受人赞赏，因为人们可以看出的惊人天赋，一为思维灵活，二为行事谨慎。

57. 深思远虑者更为稳妥可靠。做事做得好便是做事做得快。然而事成轻快，事败也快，名垂千古之事必耗时久远。完美者受人瞩目，成功者流芳千古。深思远虑才能成就永恒。伟大价值须靠伟大工程。金属亦如此，最珍贵者，淬炼时间最久，分量最重。

58. 融入周边。不要处处显示自己同样的才智，也不必事事比他人所求多费功夫。不要枉费自己的学识或优势。驯鹰者只用他需要的鹰。不要天天显摆自己，大家会失去好奇心，对你习以为常。总得留点新鲜技能傍身。每日一点小惊喜，吊足众人胃口，自身才华也显得深不见底。

---

[8] 反蠕动，被对抗者通过对抗来获得力量。

59. 善终善了。财富之门若进门时开开心心，出门时必凄凄惨惨，若进门时凄凄惨惨，出门时必开开心心。扫尾收场之道，须小心谨慎，与其开场时风光热闹，不如收场时成功顺遂。幸运之人往往开局顺利，结局潦倒。到场之时热烈鼓掌之事常见，重要的是离场后仍会有人惦念。离场之后仍被人渴望再来更是少见。财富好运很少从头到尾伴你左右。财富总对来者笑脸相迎，总对去者冷脸相待。

60. 断事如神。有人生来精明谨慎。他们生来就有优势——拥有智慧的本性部分，即良好直觉——好的开始已是成功的一半。年龄阅历让理性成熟，使判断力与时势俱进。他们讨厌一切让谨慎之心冒险的奇思怪想，在安全至上的国家大事上更是如此。如此人物，或为国家掌舵人或为参谋顾问，理所应当。

61. 崇高事业上冠绝群雄。至善至美间，如此人物实属罕见。凡英雄豪杰，皆有过人之处。平庸之辈无人喝彩。追求崇高事业时的卓尔不群，可助人摆脱凡俗，使人与众不同。平凡岗位上的出类拔萃也只是小小成就：越安逸，越平淡。在更崇高的事情上超群绝伦会让人有种王者风范：誉望所归，人心所归。

62. 进贤用能。 有人用人之道卑鄙低劣，希望别人关注他们心思巧妙。这种自我满足实属大忌，理应重罚。王者不会因为臣者有才便威严略减。相反地，成功的所有溢美之词都归功于事业主脑，失败的所有批评之语也都归咎于主要人物。功成名就的都是上级。人们不说"门客大臣是好是坏"，而会说"王者用人之道是高是低"。因此，用人之道要精挑细选，仔细考察。万古名声可就托付给他们了。

63. 先下手为强。 超群出众之际先发制人效果叠加。事事平等之时先下手者必占优势。若无他人抢先一步，有人在自己领域内本可以一枝独秀，独领风骚。领先一步之人为声名初生之选，后来者皆为生计诉诸律法而奔波。无论如何努力，后来者永远被凡夫俗子指责为东施效颦。若小心谨慎可以为其冒险之举护航，足智多谋的天才总能别出心裁，出类拔萃。出奇制胜，英雄史册上方有智者一笔。有人宁为鸡口，不为牛后。

64. 悲痛忧伤，避而远之。 避难逃灾，明智有利。行事审慎犹如鲁西娜女神⑨——幸运满足之源，使人免除诸多烦恼。若无转圜余地，不要告知他人不幸消息，自己更要小心避免此类消息。有人为甜言蜜

---

⑨ 罗马的分娩女神。朱诺和狄安娜也用这个姓氏。

语、阿谀奉承所惑，有人为恶言恶语、流言蜚语所困，也有人习惯于悲痛忧伤，犹如米斯利达特斯[⑩]那样每天不服一剂毒药就难以安生。即便他与你亲近，也不能让他人的快乐建立在你的痛苦之上。即便他曾为你出谋划策，也未承担任何风险，不要违背自己的幸福去对他曲意逢迎。当给别人带去快乐而给自己带来烦恼痛苦时，牢记教训：与其事后自己万念俱灰，痛苦悲伤，不如当下让他人黯然神伤。

65. 品味高雅。 品味如同才智，可以培养。充分了解食物后会令人胃口大开，欲望满满，如愿以偿后方更为享受。甄别人才须观其所求所愿，才大者，志高远。胃口大，吃得多，志高者，性高雅。品味高雅者前，纵使卓绝超群者也会诚惶诚恐，完美无缺者也会底气不足。少有极致完美之事，对他人要赞赏有加。品味随着与他人交流而提升。不断练习可使自己的品味独具一格。与品味不俗之人交流实属万幸。切勿百般挑剔，愚蠢至极之举。装模作样之举比天性如此更为可恶。有人但愿上帝曾创一方新天地，曾造其他完美事物来满足自己的天马行空的想象。

---

⑩ 斯庞图斯国王，因怕敌人的毒害，于是天天服一点毒药以便使身体产生抗毒能力。

66. 修成正果。 有人注重行事过程中是否方法对路却不注重结果是否实现目标。再努力勤勉也抵不过失败丢人现眼。成功者不需要任何解释。多数人只会关注成功与否，并不在意细枝末节，修成正果，声名大噪，结局好一切皆好，其中手段如何丝毫不会对名声有损。若要结局圆满，不择手段也是一门艺术。

67. 从业当博满堂彩。 从业多数仰仗他人评价。至善至美有赖于尊崇，犹如鲜花有赖于春风，生命有赖于呼吸。有些行当为世人所称颂，有些行当虽更为重要，却不上台面。前者有目共睹，人见人爱。后者比较少见，更需技能，有所隐蔽，不为人知，虽受人敬重却不受追捧。胜者为王皆负盛誉，阿拉贡诸王赢得普天称颂皆因其征战沙场，战功赫赫。伟人当选众人有目共睹、有口皆碑的行业。众人抬举，伟人永垂不朽。

68. 不吝指教他人。 智力比记忆力更强大，所以使他人理解比让人记住更为难得。有时你须提醒指点他人，有时你需忠告劝导他人。有人在时机成熟之时却未做该做之事，因为他们从未想过。善意地指出这些优势之处。善于切中要点是一大天赋。缺乏这种天赋，许多事便一无所成。有明白通理之人可为他人指点迷津，无识事之明之人可求助他人，前者需谨慎仔细，后者需思虑周全，点到为止。指导点拨之举若冒风险，谨慎小心尤为必要。点化开导最好展现高雅品味，暗示含蓄不足之时方可挑明直言。既遭拒绝，另辟蹊径，巧寻通路。很多事情都是因为没有尝试所以没有成功。

69. 任何时候都不要感情用事。伟人不会一有风吹草动便付诸行动。审慎之心一部分在于自我反省：了解或预知自己的脾性，反其道而行之，以便使天性与技艺相互制约平衡。自我检讨始于自知之明。有些鲁莽轻狂之徒总是被某种心情左右，喜怒哀乐随之变化。任由这种恶性失衡折腾摆布，他们做事往往自相矛盾。感情用事不仅毁人心志，更会令人判断失误，扰乱其心愿与认识。

70. 拒绝有方。你不可能把一切给予他人。拒绝与给予同样重要，手握重权者更是如此。拒绝之术，至关重要。某人的推辞比他人的首肯更受人赏识：委婉拒绝比草率附和更令人欢喜。很多人总把"不"字挂在嘴边，搞砸一切。他们首先想到的就是拒绝他人，事后可能会有所让步，但开头已然令人扫兴，事后别人也不会高看一眼。不要一口回绝他人，让人们点点滴滴地感受到他们的失望。绝不彻底拒绝别人：这样会失去他人依仗之心。凡事总要留有一丝余地，留些希望稍作弥补以减轻他人遭拒的痛苦。从前的恩惠以礼代替，行动不足，好言补之。"可""否"二字虽简短精练，却要人深思熟虑。

71. 凡事应持之以恒。 无论是因为性情还是出于感情，谨慎之人在任何与完美相关的事情上都始终如一，此举也说明其聪慧之处。唯有事情根源与利害得失方可令其改之。审慎之前，变化无常实为面目可憎。有人日日大有不同，运气跟着变，决心跟着变，理解力也跟着变。昨日允准，今日变卦。朝秦暮楚，反复无常。他们名不副实，令人困惑。

72. 坚决果断。 迟疑不决比施行有误伤害更大。静中之物比动中之物更易变坏。有些人总是打不定主意，需要别人推他一把。有时事情根源并不是因为他们有疑虑困惑，而是认识清楚，但是毫不作为。知晓困难所在可谓聪明机警，避难脱困有方更需机敏过人。有些人势不可挡，断事如神，坚韧不拔。他们生来追求高尚，明察事理令其成事不难。他们言出必行，尚有时余。他们坚信自身运气，信心百倍，勇闯天下。

73. 退避有道。 此举是谨慎之人克服困难的妙招。一句笑谈便可脱身于最错综复杂的迷宫。一个微笑便可逃脱出麻烦困境。最伟大的将领贡扎罗⑪正是由此找到勇气。婉拒他人最好是岔开话题，故作不

---

⑪ 军人，因对抗摩尔人和意大利南部的战争中的英勇事迹而闻名。

知，转移焦点最为巧妙。

74. 与人为善。文明之城中野蛮之人常住。缺乏自知之明之人与耍大牌之人常拒人于千里之外。惹恼他人并不是出名的妙方。想象一下这些脾气乖张之徒，随时撒野耍横，野蛮无道。不幸的仆人走近他犹如靠近猛虎，提心吊胆，皮鞭护身。为了向上爬，他们曾曲意逢迎，处处讨好，如今身居高位便挑衅惹怒他人报复扯平。以他们如今的地位，这种人本应万众属意，但其刻薄无礼与虚荣势利使其不得人心。对其文雅的发落处置便是：彻底敬而远之。把你的智慧用在别处。

75. 以英雄为榜样。与榜样相较量而非纯模仿。模范典型众多，每人应在各自领域以鳌头魁首为榜样，不要仅仅跟随而要努力超越。亚历山大曾在阿喀琉斯墓前失声痛哭，不为已逝者，却为在世者，因为自己尚未像阿喀琉斯那般名声显赫[12]。唯有他人盛名才能激发雄心壮志。因此镇住嫉妒之心，鼓舞高贵之举。

⑫ 据普鲁塔克的记述，亚历山大曾在阿喀琉斯墓前因妒忌而哭泣，因为阿喀琉斯有幸成为英雄被载入《荷马史诗》而青史留名。

76．不要总开玩笑。审慎之所以闻名是因为它严肃正经，比起小聪明更令人敬重。总爱调侃玩笑之人难臻完美，实为可笑。人人待之如行骗者，从未深信。我们既怕上当受骗，又怕受人嘲笑。你永远不知道开玩笑的人什么时候在说正经话，就像他从无正经话可言。无休止的调侃是最糟糕的幽默。有人因小聪明闻名，却失去了大智慧。玩笑时常有，大部分时间还是应该严肃认真。

77．与他人相处，灵活应变。做一个灵活多变的普罗特斯[13]。与学者相交，学识渊博。与圣者为伍，品行圣洁。此举俘获善意，因为相似之人意气相投。观察他人性情，从而调整自身。严肃认真之人也好，诙谐风趣之人也罢，与之相处须紧随形势，时时调整自己。有求于人者尤应如此。此为谨慎行事的金科玉律，大能者方可为之。对于见多识广、兴趣多样之人就没那么困难了。

78．善于试验。愚蠢之人总是仓促行事，因为他们放肆胆大。天真愚蠢使他们无法预知危险，无须担心名声扫地。但谨慎之人万事小心。以谨慎之心与洞察之力为先驱，障碍扫清后方才安全前行。尽管命运之神有时会网开一面，但鲁莽行事终因不够谨慎会以失败告终。

---

[13] 普罗特斯系希腊神话人物，以善于变形著称。

让机敏精明探路，谨慎之心会带你脚踏实地。当今之世，与人交往，陷阱颇多，且行且实验，方为上策。

79. 性格风趣幽默。若加以节制，风趣幽默是种天赋才能而非不足之处。妙语连珠，别有滋味。最伟大之人可以把风度和幽默运用到登峰造极的地步博取众人欢心。但他们给予谨慎之心尊重，从不失礼不恭。还有人插科打诨，就能迅速脱离困境。有些事应该笑谈处之，即便他人不苟言笑，极为严肃。此举彰显一团和气，对他人来说魅力非凡。

80. 所听所闻，小心为上。人生在世，大半用于增益见闻。亲眼所见甚少，依靠他人听闻甚多。谎言从耳入，真理从耳出。真理往往都是眼见为实，耳听为虚。真理很少会自然呈现在我们眼前，尤其是深远无比的道理更不容易接近。真理总会挟带他人的喜怒哀乐一路而来。情绪会感染一切，令事物或面目可憎或讨喜可爱，总有办法让我们难以忘怀。比起谆谆指正之人更要小心甜言蜜语之人，识破他居心何在，意欲何为，偏向何方。虚伪小人，歹人贼子，务必小心。

81. 浴火重生，再现辉煌。凤凰特性，涅槃重生。才能终会过时，名声亦会消逝。积年累月，钦敬之忱也会消磨殆尽，赫赫声名年深月久后也会为平庸的新奇之物所替代。学识、胆识、幸福感及其他一切都应重获新生。要敢于破茧重生，就像太阳，日日清晨升起，普照大地。收敛锋芒，引人怀念；再现辉煌，令人喝彩。

82. 不偏不倚，中道为贵。有圣人言，所有智慧的结晶即为中庸之道。矫枉过正，物极必反。榨干橙汁，徒留苦涩，乐不极盘。过分压榨只会令人才竭智疲，犹如暴力挤奶，最终得到的只有鲜血。

83. 允许自己犯些无伤大雅之错。轻率之举有时是他人真正识别自身才能的最好途径。嫉妒常常排斥挤对他人：它越是文明有礼，越是罪无可恕。嫉妒之心不违反戒律地去指控完美罪行，去谴责十全十美。它使自己变成百眼巨人阿格斯[14]，对卓绝之事百般挑剔，聊以自慰。犹如雷电总是轰击最高之处。因此即便荷马也难免有败笔之疏[15]，你可以假装自己因学识胆识不足而非审慎之过导致些许粗心大意之举。如此便可平息恶意，不至于受其毒害。犹如在嫉妒公牛前挥动斗牛士手中的红布，惊险逃生而闻名千古。

---

[14] 希腊神话中长有许多眼睛的人。

[15] 典出贺拉斯的《诗艺》，意思是即使荷马这样的大诗人，也有写得不尽如人意的地方。

84. 从敌人身上学习。 手握剑刃伤己，手握剑柄护身。效法他人，同样适用。智者从敌人身上学习的要比愚者从朋友身上学习的更多。艰难险阻使人望而却步，恶意狠毒往往铲平这座大山。许多人把自己的伟大归功于自己的敌人。奉承谄媚比仇恨怨愤更为险恶，因为仇恨怨愤可以纠正奉承谄媚所掩盖的问题。比起那充满爱意的眼睛，他人恶意的眼睛会被审慎之人当作镜子，以此减少自身失误，纠正自身不足。与阴险狠毒的对手相邻，你会格外谨慎小心。

85. 不做丑角牌[16]、万金油。 优秀的东西总会容易被无节制滥用。当人人贪图此物，也会因此翻脸恼怒。一无是处不行，事事都强更糟糕。有人因常胜而败，即便曾如人人渴望般的遭人鄙视。各种完美之中皆有丑角牌、万金油。他们丧失了起初独一无二的特性，沦为平凡大众。治愈极端的良药在于展示自己的天赋才华以中道为贵。追求完美要极致过分，展示完美要掌握分寸。火把愈亮，消耗愈多，持续愈短。让自己珍贵难得才能赢得真正的敬重。

86. 流言止于智者。 造谣者是只多头怪兽，长着多只恶毒的眼睛，长着多条造谣的舌头。有时流言兴起，损人盛名，犹如跗骨之

---

[16] 持牌人随心所欲变换之牌。

疝，一旦沾上你，你便再无声望。造谣者常会对一些明显的弱点或一些可笑缺陷紧抓不放：添油加醋，嘟嘟囔囔。有时是我们善妒的对手恶毒阴险地造出了这些不足之处。刻薄之口的玩笑之话比伤风败俗的无耻谎言毁人声誉时更为迅猛。臭名远播，易如反掌，因为恶名更让人轻信并难以磨灭。审慎之人应避免如此，要注意那些庸俗的傲慢无礼之言，因为预防胜过治疗千倍。

87. 文化和教养。人生来无教养可言。文化使人脱离野兽之列，文化使我们成为真正的人：文化越深厚，人越伟大。希腊人深信于此，将世界其他地方的人称为"土人"。无知就是粗野无礼。没有什么比知识更能教化众生。智慧本身若无磨砺也会粗俗。理解力需要提升，欲望需要改善，谈吐尤其需要文雅。有些人因其内在和外在的天赋运气，他们的观念、言行、穿着打扮就像树有皮，精神世界如同花有果，各个方面都表露出自然而然的文雅修养。有些人却粗鄙不堪，即便是他们的良好品质，也傲慢无礼地以一种令人难以忍受的粗野马虎玷污一切。

88. 待人豁达大度。立志要高远。伟人从不会斤斤计较。与人交谈时，尤其是话题令人不快时，不必细枝末节详细描述。处处留心，但不要刻意为之，交谈变成审问便不好了。行为举止彬彬有礼，高雅尊贵是种绅士风度。主导谈话的一大要诀便是假装漠不关心。学会对好友、熟人，尤其是敌人身上所发生的事视而不见。过分的严格认真让人不快，若性格如此，你会令人讨厌。总是对讨厌的事情耿耿于怀是种神经病。记住人们通常按本性行事——心之所向，能力所及。

89．有自知之明。了解自己的性格、智力、判断力与情感，不了解自己便不可能把握自己。外在有镜可以梳妆，内在之镜唯有自我反思。外在形象整理过后，试着修正改善自身内在。为了处事明智，要评估自身的审慎之心与洞察之力。判断自身应对挑战的能力。探索思想深度，权衡优势所在。

90．过得好，活得久。愚蠢与堕落二者使生命早逝。有人丧生因为不懂自救，还有人丧生因为不想自救。正如美德本身就是自我奖赏，邪恶本身就是自我惩罚。迅速堕落一生之人生命短暂，与行善赛跑之人永垂不朽。精神的力量会传递给肉体。美好生活既有计划又有影响才会长长久久。

91．慎以行师。如果自己行事之前预感事败，旁观者看得明白，对手更为明白。若判断之力为感情所动摇，事后冷静下来发现自己愚蠢无比。心存疑虑之时行事很是危险，按兵不动更为安全。谨慎不会冒任何风险，因为它总是行走在理性的正午阳光之下。当事情一开始就被谨慎之心发难声讨，又如何会结果如意呢？即便审查之后一致通过的决议经常结局潦草，那些遭受质疑并判断仓促之事又能如何？

92. 冷静睿智，处事不惊。言谈举止的最高标准便是如此，越是位高权重越需如此。一丝谨慎胜过十倍聪慧。行事稳妥比博得众彩更为重要。审慎之名为名誉之最。若能得审慎之人认同，成功就在眼前。

93. 做带动全局之人。他样样完美，一人可抵万人。他令生活美妙愉快，把乐趣传递给各位朋友。生活舒适欢畅在于多姿多彩，尽如人意。懂得享受美好事物也是一门伟大的艺术。既然自然让人成为整个物质世界的精华所在，那么就让艺术训练他的品位、智慧，使他带动全世界。

94. 令天赋高深莫测。审慎之人若想得人敬重，永远不会让他人看出自己学识多少、胆识多大。让别人知道你，不要让别人了解你。没人知道你的最大能耐，便没人对你心生失望。他人揣摩甚至怀疑你的最大能耐，也比你自己展示自己多大能耐更为受人崇拜。

95. 让人希望永存。浇灌希望之花，让希望承诺更多梦想，让丰功伟业使人期待更大成就。不要一上场就展示自己所有筹码。此中诀窍在于适度调节自身实力与学问，一点一滴走向成功。

96. 博物通达。博物通达是理性的宝座、谨慎的基石，凭此成功就很轻松。它是上天的恩赐，最早最好所以被视若珍宝。正确的决策力是我们的盔甲，必不可少，缺它一点点会让人说我们缺心眼。没有这件盔甲，我们便会失去很多。生命中所有行动都仰仗它的实力，都征求它的认可，因为这一切都依赖于才智天分。它包含了一种天生对所有最合乎情理、最恰到好处的事情的偏好。

97. 扬名立万并加以维护。我们喜欢名声带来的一切，名望来之不易，因为它由卓越而来，卓越之才如此罕见如同平庸之才如此常见。一举成名后，维护保持很是容易。名望是承诺很多责任，名望是做出很多成绩。当高尚的初心及神圣的举动赢得众人尊敬崇拜之时，名望便有一股威严之势。名副其实的名声地久天长。

98. 不露形色。激情冲动是情绪之门。处世的学问最实用之处在于讳饰。亮出自己底牌之人很可能会输掉。小心谨慎，保留余地，以防他人关注。当你的对手如同猞猁般洞察你的推理，你就要像乌贼般喷墨来掩藏你的想法。不要让人发现你的偏好，不要让人预见你的意图，无论是为了反驳还是为了讨好他人。

99. 真相与表象。世事万物，表象比真相易于流转。很少有人透过表象看真相，多半满足于表面外观。若是一张凶神恶煞般的脸，仅内心善良还是有所欠缺的。

100. 莫受制于谎言与错觉。善良正直又聪明博学之人是温文儒雅的哲人。不要浮于形式表面，也不要炫耀自身美德。尽管哲学是智者的主要追求，但如今已不受人尊崇。审慎之学已不再受人尊奉。哲人塞内加曾把审慎之学引入罗马，一时之间风靡名门。如今人们却认为这既无用又麻烦。然而，不受制于谎言欺骗仍是审慎的主要食粮，也是正义的乐事之一。

101. 五十步笑百步，全是傻瓜。一切事情的好坏与否都要看你如何看待问题。一个人所追求的，可能是另一个人所躲避的。以自己的观点去衡量一切是极其愚蠢的。完美不是让某一个人满意，因为人有千面，品味各异。任何不足之处，总会有人珍视，不要因为别人不喜欢就降低自己的评价：总会有人欣赏，他们的吹捧反过来也会受到谴责。真正令人满意的标准是来自知晓如何评判事物等级的名人的认可。人不能只听从一种意见，遵从一种习惯，或是在一个时代里活着。

102. 承大运，吃得消。 谨慎之躯胃口很大。才大者，其各方各面也很强大。若你应得大运，就不要用小确幸填足胃口。有些人酒足饭饱，有些人食不果腹。有些人因为吃不下而浪费美味佳肴：对于高官权贵，他们并非生来如此，也不是由来如此。他们与人关系不和，虚荣蒙蔽他们双眼，使之失去理智。他们身居高位，意乱情迷，心胸狭窄，好运降临也无处消受。让伟人来承此大运，心胸宽广，仍有余地，要小心一切暴露自己心胸狭隘的事情。

103. 人人皆有属于自己的尊严。 并非人人可以为王，即使受制于社会阶层与境遇，你的所作所为也应与王者相称。行事当有王者风范。行为高尚，心灵高贵。现实中不能成为王者，在功绩上可以成为王者，真正的王者风度在于正直诚信。若能成为伟大的模范，你就不会心生嫉妒。尤其是那些离国王宝座很近的人应该学到一点真正的优越感。他们应该和王者一样具有威严的道德情操，而不是浮夸的声势，追求高尚本质的东西而不是虚荣心。

104. 明察工作需求。工作各种各样，需学识和眼力来理解其多样性。有些工作需要胆识，有些工作需要敏锐。最简单的工作，诚信足矣；最难的工作，则需灵谋巧智。前者自然天赋，后者需各种专注与警觉。管理人员需要大量工作，管理傻瓜疯子，工作更多。要耗费双份聪明才智去管理那些没有脑子的人。让人无法忍受的工作是那种整个人须全天投入重复同样内容的工作。比较好的工作是那种我们不会厌烦的工作，多姿多彩又重要非凡，还能提升我们的品位。最受人尊重的工作是那些最受依赖或最少依赖的工作。最差的工作则是那些让人现在最苦最累，将来更苦更累的工作。

105. 莫要喋喋不休惹人烦。不要一个话题纠结不休，简洁明了令人愉快讨人喜欢，事情多半也能完成。礼貌使人得之，无礼使人失之。好事若是简洁明了，便是好事成双；坏事如能简明扼要，则不至于太糟。少而精胜于多而杂。众所周知，个子高的人很少是聪明的，但身材高大也比言语啰唆要好。有些人不善于美化周边却长于扰乱四邻：众人避之不及。谨慎之人应避免惹人厌烦，尤其是辛苦忙碌的伟人。惹怒这样一个人也许会比惹恼其他所有人都要糟糕。说得好即说得简短。

106. 切勿自我标榜。比起自我吹嘘，身居高位自我标榜更为无礼讨厌。不要摆出"伟人"的样子，令人反感，更不要因为有人羡慕自己便沾沾自喜。越是费尽心机想要得到别人尊重，越是所得无几。尊重来自敬意。巧取豪夺不行，须名实相副，耐心等待。身居要职更需要一种庄重体面。你只需要具备职务所需的素质，完成职务所需的任务。不要过分出格，应该一路扶持。特意工作勤恳的人反而让人觉得他们力不胜任。若要成功，要凭真才实学而非外在表现。即便王者也更应因其人格魅力而非因其阵仗威风受众人尊崇。

107. 切勿自鸣得意。 人的一生，妄自菲薄实为怯懦，扬扬得意则为愚蠢。自满源于无知，引人心痒难耐，自得其乐，却能使人名誉扫地。无法企及别人的完美高度，只能陶醉于自我的凡俗平庸。谨慎小心向来行之有效，要么助力我们马到成功，要么安慰我们满盘皆输。事前有所畏惧，任何顿挫都不会使你大惊失色。荷马行文时而也有不足之处，亚历山大也有上当受骗、阴沟里翻船之时。情随事迁，有时情势占上风，有时情势落下成。然而对于不可救药的愚蠢之人，最空虚的自我满足会变成可以继续播种的花朵，生生不息。

108. 成就真我的捷径：善与人交。 广交朋友可以成就奇迹。各种习惯、品味，甚至才智，在无意之中互相影响。麻利果断之人宜与优柔寡断之人相交，诸如此类，各种性情皆应如此。如此你便可以毫不费力地做到不温不火。自我调节需要相当的技巧。正反交替让世界妙不可言，并使之运转，人文风情比自然本质上这种交替甚至使世界更为和睦融洽。告诫自己如此方为交友之道，驭下之道。性格迥异间的交流会出现一种谨慎的中庸之道。

109. 莫要苛责他人。 有些人脾气暴戾，事事都能变成一种罪恶，这并非出自其一时冲动而是性格使然。他们声讨谴责每一个人，要么因过去所为之事，要么因未来将做之事。这是真正的卑劣可耻，比残暴无情更为可恶。他们斥责他人，夸大其词，把烛微之光变成光焰万丈去伤害他人。他们是能把天堂变成地狱的监工。盛怒之下，他们会让一切偏激过火。善良之人会宽宥任何事情，他们坚持认为别人初心不错或无意过错罢了。

110. 不要等到自己日薄西山。 精明之人的格言便是与其被抛弃不如先放弃。即便是结局，终点也须是一场凯旋。有时太阳藏于云彩之后，无人看到日落下沉，便无人知晓它是否已沉西山。避免日薄西山的苍凉就不会让人在灾祸之前爆发、崩溃。不要等到人们都对你冷眼相待之时，他们会把你"活埋"，让你后悔遗憾，无名无望，死而后已。精明之人知晓让赛马退役的合适时机，不会让它在比赛中途陨落，徒增他人笑柄。美人应在合适之时巧妙地砸碎镜子，以免红颜不再之时徒生烦恼，悔之晚矣。

111. 拥有朋友。 朋友是你的另一种存在。对于朋友而言，所有朋友都是善良而睿智的。与之相处，一切顺遂，尽如人意。你就是他人心中所想、口中所谈的那么值得的人，心中有你，口中才会有你。没有什么比帮助他人更令人着迷的，赢得朋友的最好方式便是表现得像个朋友。我们所拥有的最多最好之事都须依赖他人。每日新交一友，即便不能推心置腹，至少可以支持相随。择友而交，其中不乏你可信赖终身之人。

112. 争取他人善意。 最至高无上的造物主在最重要的事情上也是如此行事。名誉是靠感情得来的。有些人过分相信自身价值，看不起勤奋努力。但谨慎之人十分明白，若是有人相帮，获得功绩也有捷径可走。善意仁心让一切更为轻松简单，可以抵消任何不足之处：勇气、正直、智慧，甚至谨慎之心。因为不想看到丑陋之物，它眼中从无猥琐。性情、种族、家庭、国家或者职业的相似之处都能产生善意。精神层面上，善意仁心可以带给你才能、支持、名誉和价值。赢得他人善意很难，但一旦获得，维护却简单。你须努力争取他人善意，也必须了解如何善用他人善意。

113. 未雨绸缪，以备不测。 储备过冬物资，明智之举且轻而易举。人情廉价，朋友遍地。未雨绸缪总没错：逆境之中事事昂贵，事事缺乏。结交一群朋友和心存感恩之人，总有一天，你会感激珍视现在似乎并不重要的人。卑鄙小人在走运时没有朋友，因为他拒绝承认他人。逆境之时就恰恰相反了。

114. 不与人争。 当与对手相争，你的名誉会有所损伤，对手会立刻想尽办法找出你的错处加以败坏抹黑。世上少有竞争公道正直，竞争对抗会发现以往以礼相待时忽视的不足之处。许多人在没有竞争对手之前声誉良好，竞争的激烈会使恶名死灰复燃，过去种种臭名会被深挖细查出来。竞争从揭露对手错处开始，对手会不惜采取可用或不该用的一切手段。他们往往得罪别人却什么也得不到，只有那卑鄙无耻的报复快感。报复会让人们重新想起那曾被遗忘的过错。仁爱总是温和平顺的，名望也总是从容宽厚的。

115. 习惯亲朋好友的弱点，如同习惯面对丑恶的面孔一般。 有所依赖之处，不妨迁就一番。有龌龊心理之人我们不能与之相处却又不能离开他们。习惯于此须技巧巧妙，如同我们面对丑恶的面孔，习惯成自然，见怪不怪了。起初他们很可怕，渐渐地，他们看起来就不那么恐怖了，谨慎之心会预见或是学会容忍这些令人不快之处。

116. 与有原则之人打交道。喜欢他们并招他们喜欢，因为他们行事光明磊落，即便反对你，他们的正直之心也会使他们对你很好。宁与高尚之人相争也不要去征服恶劣之徒。因为邪恶之心并无正确行事的责任感，我们没有办法与之相处。这也是恶人之间没有友谊可言的原因，花言巧语并不令人信服，因为他们并无信誉可言。毫无信誉之人要避而远之，因为他不尊重信誉，就不会尊重美德。信誉乃正直之本。

117. 莫要谈论自己。夸奖你自己是虚荣心作祟，批评你自己是自卑心使然。你会失去对自己的正确判断，令他人生厌。如果这一点在朋友间非常重要，那么对于位高权重之人更为重要，因为他经常演讲，稍有浮华便显得愚蠢。谈论在场的人也并非明智之举。你可能会因阿谀奉承或出言不逊而处境尴尬。

118. 以礼闻名。仅仅彬彬有礼一点就能赢得众人赞誉。礼貌是文化中最好的部分，富有魅力。礼貌能赢得众人好感，就像无礼只能引人嘲笑，令人讨厌。因傲慢而无礼，令人可憎；因教养不良而无礼，令人不屑。礼多人不怪，礼节太少或人人一样也会导致不公。对敌人以礼待之，你会发现这是多么难能可贵，代价很小，回报却大：尊重别人就会受人尊重。礼貌和荣誉感的优越之处就在于我们施予他人却不会损自身分毫。

119. 莫要惹人生厌。厌恶之心往往不招而至，不要引起别人反感。有很多人讨厌他人并没有什么特别的理由，不知如何也不知为何。厌恶他人之心比取悦他人之心来得更快。报复的欲望也比物质欲望伤人更为迅速，更为真切。有人想令所有人讨厌，或许是想引人烦恼，或许是因天性如此。对于他们，一旦憎恶之心生成，就很难摆脱，犹如恶名难除。这种人害怕断事如神之人，鄙视口出恶言之人，不屑傲慢自大之人，痛恨丑态百出之人，然而却不伤害卓越非凡之人。若要得人尊重就得先尊重他人，若想获得成功回报，就得先回报他人以关注。

120. 一切从实际出发。即便是知识也要寻常实用，在那知识罕见之地，要假装糊涂。思维方式会变，品味也会变。不要像古人那般思考，要有现代人的品味。清点人数，注意众寡，这是重中之重。如有必要，品味上先随波逐流，然后追求卓绝。智者须调节自我，与时俱进，即便过去更令人倾心，内心的充实和外在的装扮都应如此。这一准则放之四海而皆准，美德除外，因为人人须行善积德。很多事情看似过时老旧：说真话，守诺言。尽管好人仍旧受人爱戴，但好人似乎属于那美好的旧时光。这种人虽有，但非常少见，也从来不被模仿。当美德罕见，恶意当道，这该是多么悲惨的时代。即便不能称心如意，谨慎之人亦须尽力自保。愿他们乐意接受命运所恩赐之物而非希冀命运所保留之物。

121. 莫要无事生非。有的人什么都不关心，有的人什么都想关心。他们总在讨论所谓军机要事，总是严阵以待，弄得事事争论不休，事事神秘莫测。烦心之事几乎没有需真正为之烦忧的。不该忧心之事放在心头实属愚不可及。许多过去非同小可之事若置之不理也就无关紧要了，过去无足轻重之事因为我们关注变得至关重要了。当机立断方能快刀斩乱麻，事后纠结便于事无补。有时无病吃补药反成重病。生活中最重要一条准则便是顺其自然。

122. 善于掌控言行。善于掌控言行无往不利，能够迅速赢得他人尊重。它对你方方面面都有所影响：社交、演讲、甚至行走、神色以及你所需所求，都受此影响。征服人心乃伟大的胜利。它既非来源于匹夫之勇，亦非来源于权威性；既非来源于鲁莽的厚颜无耻，亦非来源于恼人的呆滞庄重，它来自由美德支持的高贵品格。

123. 莫要装腔作势。越是多才多艺之人，越是不会惺惺作态。这是真正的世俗通病，既惹别人烦恼也为自己所累。装腔作势让假圣人忧虑不安，因为装模作样也是一种折磨。即便是伟大的天赋也会因矫揉造作显得不那么珍贵，因为人们会认为这是卖弄技巧的故作姿态而非总令人身心愉悦的自然大方。装腔作势之人与他们所模仿的才子完全不同。越是拿手好戏，越是要隐藏努力，如此完美方可自然呈现。也不要因为避免装模作样就装作没有努力。谨慎之人永远不会宣扬自身功绩。将自己的功名视如草芥，他人便会视若珍宝。卓绝之才若能对自身美德等闲视之，那便是再造之才。特立独行赢得欢呼喝彩。

124. 做众望所归之人。很少有人能得众人青睐；若能得智者青睐，真是三生有幸。事业上日暮西山之人常被人漠然置之。得众望所归且经久不衰须经营有方。职业领域和天赋才能你须出类拔萃，风度翩翩也会为你增色。让自己卓越超群且受人依仗，众人便会认为这个职业领域非你不可，而不会轻重倒置。有人为其地位添荣耀，有人因其地位受荣光。若因继位者卑劣而反衬出自身优秀倒是毫无荣耀可言。他人不得人心并不代表你自己是众望所归之人。

125. 他人过失，不必挂怀。关注他人恶名，自身声誉扫地。有人好用他人之过来为自身之过遮掩开脱，或以他人之过聊以自慰，实为愚蠢之举。这种人臭气熏天，犹如烂泥塘中的污秽，肮脏不堪。在此事上最擅长挖掘者，最是烂泥满身，最为龌龊。人孰能无过，天生遗传也罢，后天习染也好，除非寂寂无闻者，过错方不为人知。谨慎之人不会记挂他人过失，也不会让自己成为一张卑鄙肮脏的活生生的黑名单。

126. 行事不善匿影藏形方为愚蠢。凡事不露声色，更重要的是要不露缺陷。人孰能无过，明智之人与愚蠢之人的区别在于：前者饰非掩过，后者大肆宣扬自己要做之错事。声誉大半归功于隐秘行事而非光明正大的功绩。若不能洁身自好，就谨言慎行。君子之过犹如日月有食，有目共睹。切勿向朋友直言不讳自身的缺陷，如有可能，对自己也要讳莫如深。还有一条处世之道同样适用于此——学会忘却释怀。

127. 万事从容洒脱。万事从容洒脱为才气增光添彩，让言辞令人屏息，为行为赋予灵魂，让最高天赋得以激发。其余美德皆为本性之装饰点缀而已，从容洒脱之风度自身便是美德饰物：思想甚至因此更为可敬。从容洒脱乃天赋异禀而非勤勉可得，甚至比行为准则要高级优越。它比单纯的技巧更为管用，一时冲劲也会被其压倒。它助人提升自信，累积美德。若无从容之态，所有美好便会失去颜色，所有魅力便会成为耻辱。它相对于丰功伟绩，谨言慎行，赫赫威严本身都有过之而无不及。此乃成事之捷径，亦为避难之妙方。

128. 高风亮节。高风亮节乃英雄必备素质之一，因它鼓舞振奋各种丰功伟烈。它提升品位，鼓舞士气，强化思想，晋升境界，让威严之势可以得心应手，随心而为。无论何地，它总会超群拔类。运气有时也会心生妒意，横加阻挠，加以否定，它仍心心念念脱颖而出。即便环境受限，意志力仍受它左右。宽宏大量、慷慨大方及其他杰出品质皆溯源于此。

129. 从不抱怨。怨天尤人从来都会让人名誉扫地，非但没有引起同情怜悯与安抚慰藉，抱怨只会煽动起一时冲动和傲慢无礼，使得那些听到我们抱怨之词的人恰如我们所抱怨的那般行事。一旦将抱怨之词流露于人前，他人对我们所犯的过错似乎便可以得到谅解。有些人对过去所犯下的过错心生怨怼便会引发将来的错误。他们希望得到帮助或者宽慰，然而听者只会心生快意，甚至嗤之以鼻。应抬举称赞他人曾对自己施以援手，以便赢得更多的帮助。当诉说缺席之人如何帮助自己，意味着让在场之人依葫芦画瓢，效之仿之。谨慎之人永远不会宣扬耻辱蒙羞之事或是轻视冷落之意，只会传扬他人对自己的敬重之情。如此他才会朋友有增敌人有减。

130. 踏实做事且善于展现。世事难料并非因其本质而是表象。要出人头地而且知晓如何表现便会更加出类拔萃。了然可见才有存在感。理性之人摆出通情达理的面孔才会得人尊崇。受骗之人远比谨慎之人众多。欺诈盛行之世，世事难得表里如一。良好的外在表现是内在美德的最佳说明。

131．气度英勇豪迈。灵魂自有其锦衣绣袄，勇猛果敢之精神便使那心灵灿烂辉煌。浩气英风需慷而慨之，并非人人皆有如此气度。其首要之举便是对敌人也是赞誉之词，行事更佳。有机可乘，为己复仇之时其光芒更甚。如此状况，无可避免，英勇豪迈之心便因利乘便，将那蠢蠢欲动的复仇之举变为出其不意的慷慨义举。政清人和之道皆因此气度。它从不耀武扬威，也不装腔作势，功绩斐然之时，又知晓如何不露痕迹。

132．深思熟虑。安全稳妥在于深思熟虑，信心不足之时尤当如是。徐缓图之，或退让几分或改进完善，总会有新方法确认自己判断无误。若是礼品赠予，快不如准。久盼之物总会得人珍重。若是拒绝推辞，风度为先，稍微老练世故，回绝之意便不那么尖刻酸涩。大多数时候，初始的热度退去，回绝之意也便易于接受了。若有人相求甚早，便回复承诺稍晚，此乃引人兴致之举。

133. 与人共醉胜过自己独醒。政客便如此说道。若众人皆醉，你须与之同醉；若你独自清醒，则被视为癫狂。随波逐流很重要。最高深的知识有时便是全然不知或装作不知。我们与人相处，多数人懵懂无知。若独自生活，或十分虔诚高尚如神，或完全放纵野蛮如兽。如此，格言便可改为：宁与人共醒，不要我独醉。有些人特立独行不过是在追求虚幻之物。

134. 积存储备，加倍益善。生命因此更为富足。无论资源如何匮乏稀有，不要局限于此或者依赖于单一种类。万物应双重储备，有利有惠有品位之物尤应如此。月有阴晴圆缺，难以永恒，依赖于人薄弱意志的万物更难长久。积存备屯以备不时脆弱之需。幸福收益之源的双重储备实乃生活真理。自然赋予我们至关重要且又展露在外的手脚各一双，我们也应如此双重储备自身依赖仰仗之物。

135. 莫唱反调。这只会让自己为愚笨与烦恼所累。谨慎之心会设法解决此举。凡事不敢苟同固然独树一帜，固执己见之人全是愚蠢之人。有人会把笑谈变为争论，比起陌生人，朋友熟识常会沦为仇敌。最难啃的骨头也是那一小口美味所在，最甜美之时往往争论最为激烈，唱反调往往会大煞风景。

136. 权衡轻重缓急。 紧抓事情要点。很多人见树不见林，或者找错目标，唠唠叨叨又推理无益，找不到核心精髓。他们绕来绕去，自己受累，他人疲惫，却永远无法触及重点内容。头脑混乱，根本不知道如何厘清头绪之人大多如此。他们舍本逐末，把时间和精力都耗费在最好弃之不顾的闲事之上，到要事之上却再已无时日了。

137. 智者自立自足。 一智者，自身便是所有[17]。一位见多识广的朋友，便足以描绘整个罗马帝国和其他地方[18]。以己为友，你便可自立自足了。若他人品位修养皆不如你，何必需要他们呢？只有依靠自己，最大的幸福便是天人合一。可以独立生活的人不是衣冠禽兽，多数方面都是智者，各个方面都是神灵。

138. 闲事莫问。 尤其是众人之间交情或深或浅，风云变幻，汹涌澎湃之时。与他人相处，会有狂风暴雨，会有跌宕起伏，明智之举是退避安全港湾，静候风平浪静之时。补偏救弊时常让事情变得更糟。一切应顺其自然，道德使然。明智的医生知晓何时开药方，何时不开

---

⑰ 源自塞涅止的《道德书简》，希腊哲学家麦格拉人斯蒂尔芬在一场大火中失去了妻子、儿女和所有的财产，他从废墟里站起来，说道："我所有的财富都在身上了。"

⑱ 指罗马政治家兼士兵的老者坎托，西塞罗曾称颂他的社交能力。

药方，有时不采取补救措施更需要技巧。袖手旁观有时是平息俗事风波的妙招。现在弯腰低头，将来便会战胜克服。搅浑一条溪流轻而易举，若要还溪流清澈，努力则是徒劳，置之不理方为上策。拨乱反正，静待其时最为有效。

139. 低眉倒运之日常有。 低眉倒运之日事事不顺，即便有所改变，霉运总在身边。多试几次，若不能好转便干脆放弃。即便认识也是一样：无人可以时时刻刻了解一切。思路清晰也需好运，写好一封信也需如此。所有完美都取决于时机合适。花无百日红，美丽也不总是应时应季。判断不到位，要么谨慎过度，要么谨慎不足。若要一切顺遂，凡事皆有时。有些时日，诸事不顺，有些时日，无须费心，事事顺遂。凡事皆易如反掌，人也思路清晰，神清气爽，自己便是福星在世。这种时日需要不失时机，分秒必争，不可浪费。但仅仅一次背运便认为一整天都倒霉并不明智，反之亦然。

140. 凡事取其精华。 此乃品味高雅之人一生快乐之源。蜜蜂逐花酿蜜，毒蛇求苦制毒。品味亦是如此：有些人追求高雅精华，有些人追求低俗糟粕。世间万物皆有优点，书籍更是如此，书籍之妙须体会想象。有些人脾性糟糕，发现万千美好中的一丝不足，白玉微瑕，便会对此指责非难，夸大其词。他们犹如意志力和智力的垃圾桶，满满当当，处处污迹斑斑：这是其洞察不足的惩处而不是其明察秋毫的证明。以痛苦为伴，以瑕疵为食，他们并不幸福。有些人却品味不同，更为幸福：万千缺陷中能发现幸运之神垂青的几处美好。

141. 不妄听自身之言。 若不能令他人满意，自满自足又有何意义？自满得意只会令人嗤之以鼻。给自己放债相当于欠债于他人。自说自话，只听自己的无法成事。自说自话是疯癫之举，他人之前只听自己的，疯上加疯。有些人总在我们耳边重复："对吗？""知道吗？"希望他人给予赞许或恭维，不敢相信自身的判断。虚荣之人也喜欢说话时别人有所回应。他们的言谈如踩高跷，摇摇欲坠，愚蠢之人会冲过去捧场来句讨厌的"说得好"。

142. 莫要错选却又执迷不悟。 不要因为对手恰巧捷足先登，取其精华，你便错选糟粕却又执迷不悟。你会兵败无疑，耻辱退阵。选择错误的不是选择正确的对手。对手捷足先登，抢到精粹实乃老奸巨猾，但你若执迷于糟粕那便是愚蠢荒谬。一意孤行之人要比执顽固之词之人更为危险，因为行事比言说风险更大。自行其是之人的粗俗无知使他们偏爱矛盾而非真相，偏好争辩而非实效。不管是从一开始便预见如此，还是后期自我提升了，谨慎之人则是冷静理智，不会冲动。若对手愚昧无知，他自己就会改弦更张，变更立场，自坏其事。

自己便可以抢占先机，拥有精粹。他的愚昧无知让他自弃优势，刚愎自用令其自败。

143. 莫要为了出尘脱俗便巧言诡辩。极端化必败坏自身声誉。凡危及自身尊严之事都是愚蠢可笑之事。悖论诡辩实乃欺骗之举，乍一听貌似有理，新奇刺激令人惊叹。随后，其虚假外衣一旦被揭露，耻辱便随之而来。它的虚假荒谬自有其魅力，政治上因此会国破家亡。那些无法以美德出人头地之人行此诡辩悖论之术，令愚蠢之人惊奇万分，使明智之人成为先知先觉。诡辩悖论展现的是判断不全、谨慎不足之象，它植根于虚假或无常之中，置我们尊严于险境。

144. 以退为进，后发制人。此乃得遂心愿之策。即便是事关上苍，圣教之师亦力荐这神机妙计。这种掩饰伪装十分重要，你用此计掌握他人意愿。你看似以他人利益为先，事实上是为自己开路。行事切勿昏头昏脑，尤其不可冒险行事。对那些张口就说"不"的人要小心为上。上上之策则是对自己的意图加以掩饰伪装，以便他人不会发现"同意"之难，尤其是你已经觉察对方有抵触之意之时。这条格言关乎隐藏意图的那些警句，同样需要精妙技巧。

145. 伤口勿示人前。伤口勿示人前，否则四处碰壁。永不抱怨诉苦。我们的痛处弱点总是恶意对准攻击的重点。心灰意冷的样子只会引来他人取笑。险恶之心总会想方设法激怒你。它迂回婉转去发现你的痛处，千方百计去探查你的伤处。你若明智，你会忽视所有不怀好意的暗示，隐藏你的烦恼，个人的也好，遗传的也罢，因为命运有时也喜欢痛击你的弱点，往往都是直击最弱最痛之处。那些使你难堪羞愧之事，使你生气勃勃之事都要小心隐藏为上，以免前者无休无止，后者消失结束。

146. 极深研几。世事很少与其表象一致，而无知愚昧所见不过表层，深入洞察后不过幻觉而已。凡事都是欺诈先行，滚滚红尘中愚人紧随其后。真理总是慢慢腾腾，与时间蹒跚同行，姗姗来迟。谨慎之人对自然之母赐予的双耳感激万分，保留其中一只倾听真理。欺诈手段粗略浅薄，肤浅之人倒会趋之若鹜。退隐静观方能明辨真相，因而明智之人与慎重之人才会对此尤为敬重。

147. 莫要拒人千里，难以接近。人无完人，仍需偶尔的忠告劝诫。不听劝告之人是不可救药的傻瓜。即便最特立独行之人也需良言劝谏，即便君主国王也乐于求教他人。有些人不可救药，因为其冷若冰霜，拒人千里，失足跌倒也无人敢前去扶助。即便是最顽固不变之人也应对友谊敞开大门，帮扶救助便会从门而入。我们都需要一个可以随意批评指正、建言献计的朋友。我们的信任会赋予他权威，他的忠诚与谨慎也会赢得敬重。我们不能把敬意和权力滥施于人，但在内心深处，我们需要一知己做自己忠实的镜子。若我们珍之重之，便会因此免遭欺诈。

148.　善于言辞。谈话的艺术是衡量人真实品性的尺度。因为谈话无处不见，普通至极，没有任何人类活动比这更需要周密谨慎之功了。胜负之分取决于此。书信需要谨慎周密，深思熟虑后方可落笔，谈话更是如此，因为慎重与否立刻就会得到检验。行家闻言知意。圣人有言："听其言，便知其人。"对某些人来说，谈话的艺术就在于毫无技巧可言，犹如穿衣，宽松舒适就好。朋友之间也许如此。更高级的圈子里，言谈厚重深沉，可流露出一个人的伟大内在。若要顺利交谈，你须调整自我与他人意气相投，才智相当。不要挑他人字眼，否则你会被看作文法学究，甚至更差劲，词句检查官，咬文嚼字会让他人对你退避三舍，无法沟通。谨慎的言辞比能言善辩更为重要。

149.　转移焦点。转移焦点便可避免恶意中伤，保护自己：领导者的明智之举。失败之责，他人受过，流言之扰，他人坐实，这不是心怀恶意之人所认为的能力不足所致，而是处世技巧精妙。凡事不可能事事如意，你也不可能人人满意。既然如此，找只替罪羊，野心勃勃之人便成为众矢之的。

150. 推销宣传有方。 徒有内在品质远远不够。并非人人都慧眼独具或追求内在价值。人们喜欢随大溜：从众而行。解释某物的价值颇费技巧。赞美之词可行，因为赞美之词引人渴望。有时美名雅号（切勿矫揉造作）亦有效。另一计便是只卖内行之人，人人相信自己是内行之人，即便不是内行之人也想成为内行之人。切勿夸赞东西简便平凡：这只会让它们显得庸俗肤浅。人人愿得独特之物。与众不同方能吸引品位与学识不凡之人。

151. 计深虑远。 今日为明日打算，甚至为多日后打算，最高明的长远打算便是有时间打算。有所预警之人不会遭受厄运打击，有所准备之人不会手足无措。不要身处困境才想到理智清醒，运用理智提前预测。困境之时要再次深思熟虑。枕头是个沉默的女巫，与其心事重重不能入眠，不如想想决定后睡个踏实。有人先行后思，这是寻求借口而非寻求结果。有人事前事后从不思考。人的一生应当不断思考寻求目标出路。深思熟虑且计深虑远方为长远之妙计。

152. 不与令自己黯然失色之人为伍。无论他人优秀与否，越是完美之人越受人尊崇。别人是主角，你只能是配角，若有尊崇，也不过如同残羹剩饭而已。月亮独挂天上可与漫天星辰争辉，若太阳现身便只能黯然失色或消失不见了。不要靠近令自身黯然失色之人，接近那些可以让自己更为风采照人之人。这便是马歇尔诗歌中聪明的法布拉如何在自己丑陋凌乱的女仆中显得艳光四射的原因。不要自寻烦恼，也不要自贬自损徒增他人荣耀。成长时应与卓伟之才为伴，成长后则与平凡大众为伍。

153. 莫要踏足难越鸿沟。若非做不可，确认自身才华足够方能行事。若要比肩前辈，双重才华方可成事。让人们更欣赏自己而非后来者颇费技巧，不被前辈光芒掩盖更需要妙计。填补巨大空缺极为不易，因为过去的总是好像更好。与前辈相比总有不足，先下手者总有优势。若要胜过前辈盛名，将其光环驱散，你尚需更多才华。

154. 莫轻信，莫轻爱。判断力成熟便不会轻信他人。谎言常见，信任难得。判断仓促会导致困窘尴尬和精疲力竭。但不要公开质疑他人的真诚。若待人如防贼或坚称他上当受骗，那你便是在人伤口上撒盐，痛苦之上再添侮辱。更大的隐患在于：你不相信他人也就意味着自身也是虚伪的。说谎之人有双重煎熬：他既不相信别人，别人也不相信他。谨慎的倾听者会暂缓判决。正如一位作家所言[19]，我们也不该轻易爱上他人。人可以用言辞欺骗，也可以行事欺骗，后者伤人。

155. 善于掌控激情。无论何时，让自我反省尽可能去预测突发的激情。谨慎之人对此手到擒来。心烦意乱之时首先要意识到自己的状态。你要开始控制自己的情绪，决意不让情况恶化加剧。如此高明的防范之心便可以快速平息怒火。知晓如何阻止冲动并且正当其时地进行阻止，如同奔跑途中停下一样最为难办。癫狂之际能留有清明很好地证明了自身的判断力。任何过分的激情都会降低理性，但如此专注之举，愤怒永远不会失控，也永远不会践踏理智。谨慎地驾驭情绪便会极好掌控激情。你会是马背之上第一个理智清醒之人，也许是最后一个理智清醒之人。[20]

156. 择交而友。朋友须经周密考察，须经命运考验，须有意志力和理解力双重保证。尽管人生成败依赖于此，但人们少有关注。有时交友纯属刻意，多数交友纯属机遇。人们会根据你朋友的为人来判断

---

⑲ 指西塞罗，古罗马政治家、雄辩家、著作家。
⑳ 西班牙谚语："马背之上无智者。"

你的为人，智者永远不与愚者为伍。乐与某人为伍，并不意味着他是知己好友。有时我们看中他的幽默但并不看好他的才华。有些友谊正当合理，有些友谊却动机不纯，后者仅供消遣，前者才是孕育成功的沃土。朋友的真知灼见要比多人的美好祝愿贵重很多。因而朋友要精挑细选，而非随意结交。智友驱散忧伤，蠢友只会聚集忧患。若要友谊地久天长，不要期待朋友遍布天下。

157. 莫要识人不清。最糟糕的上当受骗莫过于此。被货物价格所骗总比被货物本身所骗要好，再慎究细查也不为过。识人断物大有不同，洞察他人品性，辨别他人性情是一门伟大的艺术。研究人性应如研读书籍一般细致入微。

158. 善用朋友。这需要技巧高超，考虑周到。有些朋友须近处，有些朋友须远交，不善言辞之人可能擅长回信。距离产生美，距离会净化近处所无法容忍的某些不足之处。朋友相处不能只寻求快乐，也要讲求实用。朋友便是一切，友谊兼顾所有美好事物的三大特质——实用，慷慨，真实。良友难觅，当我们不知如何选择时，朋友更为稀有。维护老朋友比结交新朋友更为重要。交友寻求长久，今日新交之友，他日也是老友。所谓至交好友便是那些时日长久，一起经历人生的朋友。若无朋友，人生一片荒芜。友谊使快乐加倍又共担痛苦，友谊是厄运的不二良药，是灵魂的甜蜜救赎。

159.　懂得忍耐愚者之道。智者最为不耐，因为学识已耗费其耐心不少。学识渊博之人难以取悦。爱比克泰德（古罗马著名哲学家）告诉我们，生活最重要的一条准则就在于如何忍受世间一切：智慧的一半真谛便在此处。忍受愚者需要耐心非凡。有时我们需要忍耐自己最依赖之人，如此可助克制征服自我。耐心可引发无可估量的内心平静，此乃世间极乐。不懂得如何容忍他人之人，若确实尚能忍受自己便应远离尘俗，退隐独处。

160.　出言谨慎。与敌手交谈，谨慎小心，与他人交谈，要有尊严。话易出口，但覆水难收。出言如同书写遗嘱证明，言辞越少，争讼越少。小事上多加练习，大事上才能应付自如。讳莫如深有一种神圣的感觉。快言快语之人一出场便已落败。

161.　了解自己无伤大雅的缺点。即便最完美之人也无法摆脱些许缺点，为何还要与之如同爱人般形影不离呢？举凡大才者，才智上的不足是最大的缺陷，最容易被人察觉。本人对自身不足并非毫无察觉，而是心生欢喜。错上加错的是，对不足之处毫无理智的偏爱。这些不足之处犹如完美之人脸上的黑痣，别人对此心生厌恶，自己却视为可爱的美人痣。而战胜自己、提升自己的一个很好的方式，要能洞察到：他人很快便会发现你的缺点，他们不会钦佩你的才华，却会对你的缺点紧抓不放，并会以偏概全，使你其他才能黯然失色。

162. 战胜嫉妒与怨恨。 对嫉妒与怨恨之心漠然置之并无益处，大度处之方能成就更多。称赞诽谤自己之人最难能可贵。用美德与才华去征服折磨那些嫉恨之心是最为英勇的报复。你的每一次成功对那些希望你不幸的人都是折磨，你的荣耀便是敌手的暗无天日。最大的惩罚便是如此，把自己的成功变成他人的毒药。嫉妒之心死而复苏，对手的荣耀也与之相抗，长久不衰。他人的持久盛名对心生嫉妒之人来说是永恒不灭的惩罚。前者流芳千古，后者永世痛苦。为不朽声名吹响的号角，也是他人如受绞刑般焦虑难安的煎熬。

163. 莫要同情心泛滥导致自己深受其害。 仁者见仁、智者见智，别人的不幸在他人眼中可能是幸运。若非他人不幸又如何衬托出自己幸运呢？不幸总引人同情怜悯；我们希望能对其有所补偿，尽管对于命运的捉弄这几乎算是无用之功。过去繁华盛世人人记恨之人瞬间令人人怜悯。他的败落让报复之心变为同情之心，其中的奥妙需要头脑精明才能明白。有些人只交往不幸之人，他们聚集在不幸之人周边，一旦幸运起势，他们便四散而去。有时此事可显露你高贵之心，但这绝不是精明之举。

164. 投石问路。 欲知他人接受情况如何，尤其是对人气或成功心存疑虑之时，不妨先投石问路，一探究竟。此举可安定人心，也可使人决定进退。谨慎之人试探他人之意来找准自身位置。在询问、请求、管理之时的最大远见便是如此。

165. 战而有道。 智者可以被卷入战场，但绝不参与无耻之战。保持本性行事，不要被他人左右。对敌人宽宏大度值得赞颂。战斗不仅是为了权力，更是为了显示自身高明之处。毫无高尚可言的征服并非胜利而是屈服。善良之人不会利用禁用武器，比如与朋友决裂时获得的武器。即便友谊以仇恨告终，也不要利用那曾经的信任之心。任何背信弃义都会使自己荣誉扫地。高贵之人不应有丝毫卑劣之意，对其不屑一顾。若这世间再无英勇之心、慷慨之情与信念之意，但你心中尚存便可引以为傲。

166. 善辨只说不做之人与只做不说之人。 二者的区别难以捉摸，如同分辨看重你自身价值的朋友和看重你权力位置的朋友一样微妙。即便没有恶行，恶语本身已是糟糕透顶。更为甚者，没有恶言恶语便有恶行恶果。人不能以言（空话）果腹，也不能以礼生存（礼貌的欺骗）。以镜捉鸟实乃完美圈套。只有虚荣之人满足于空头支票。为维持自身价值，言语必须有行动支持。只长叶不结果之树往往内在空空。务必要分清哪些是结果之树，哪些只是遮阴之树。

167．自力更生。困境之中，勇敢的心乃最佳伴侣。心若脆弱，肝肺胆皆可上场。自力更生之人可以更好地承受痛苦烦恼。不要向命运低头，否则命运会让事情变得更糟。有些人在艰苦之境很少自助，又不知该如何承受痛苦，使自己境遇雪上加霜。了解自身之人，深思熟虑便可克服自身弱点，谨慎之人会力图征服一切，乃至太空。

168．莫要成为一个蠢怪之物。如此蠢怪之物全是些爱慕虚荣之人、专横狂妄之人、顽固执拗之人、异想天开之人、自鸣得意之人、纵欲过度之人、自相矛盾之人、轻举妄动之人、标新立异之人、自由散漫之人，如此等等，皆为鲁莽之辈。精神层面比肉体层面的畸形更为糟糕，因为它是极致的美的对立面。可是谁会来纠正如此普遍的愚蠢荒唐？理智缺失之地是没有规劝指导之处的。他们为拙劣幻想中的喝彩所引诱、迷惑，甄别审查已被全然旁置。

169. 百发百中不如避免一次失手。 烈日骄阳无人敢直视，日食之时却人人皆敢视之。庸俗之人会对你的一次失败紧抓不放，却对你的数次成功视而不见。好事不出门，坏事传千里。许多人犯错之前默默无闻，所有成就都不足以掩饰一个小小错误。切记，心怀恶意之人会发现你所有的不足之处，却对你的美德视若无睹。

170. 万事万物，有所保留。 你会积存自己的能量，不要随时随地才华尽出，皆用全力。学识方面也应有所保留，这样你会加倍完美。总有些东西紧要关头才可用。适时的救援比全力以赴的攻击更让人珍惜尊重。谨慎之心为安全护航。由此我们倒是可以相信这一讽刺味十足的悖论——一半多于全部。

171. 莫要浪费人情。 重要的朋友关键时候用。不要浪费他人好意，把人情用在无关紧要之事上。未陷入险境之前保存好火药。若以多换少，日后还剩什么？能够保护你的人或情义最为珍贵，世间万物不可比拟。它们可以成就一切，也可以毁灭一切；它们甚至可以让你拥有才智，也可以夺走才智。自然与名望赐予智者的所有一切，命运都会嫉妒。把握人心比把握事情更为重要。

172. 切勿与一无所有者相争。如此相争并不公平。相争的其中一方已丧失所有，甚至毫无廉耻之心，毫无顾忌步入赛场。他抛弃一切，没有什么再可失去的了，可以不管不顾一头扎进各种侮辱之中。切勿冒险拿自己的宝贵名声与这种人相争。盛名经年累月方得，但会因无关紧要之事，弹指之间可毁。一息之间的诽谤足以让多年汗水、辛劳灰飞烟灭。正直之人知晓其中利害，他知道毁人名誉之事，因为行事谨小慎微，他平波缓进，以便留有足够的时间慎重隐退。即便获胜，他也不会冒险暴露自己去赢回过往所失。

173. 与人相处，莫要同玻璃般脆弱。朋友之间更忌如此。有些人极易崩溃，显出自己多么敏感脆弱。他们自己满腹牢骚，令他人满腔恼火。玩笑嬉闹也好，一本正经也罢，他们比不能触碰的瞳孔还要敏感。他们因鸡毛蒜皮之事就生气：根本就不需要重大刺激。与之相处之人务必万分小心，把他们的敏感脆弱时时放在心头，一丝一毫的怠慢便会惹恼他们。他们自以为是，听命于自我（为此，他们践踏一切），还是自己可笑荣誉感的崇拜者。

174. 人生莫匆匆。若懂得管理便会懂得享受。许多人好运不再方才醒悟人生。他们虚度幸福时刻，迷途知返，想要时光倒流。时间对他们来说过于缓慢，如同生命的牧马人，他们自己性情急躁，不断策马奔驰。一生的时间尚不能消化吸收之事，他们想一天就吞掉。他们预见自己的成功，狼吞虎咽下未来多年的时光，因为他们总是匆匆忙忙，很快他们便无事可做了。即便是求学，你也应该适度节制，避免所知之事都是稀里糊涂，一知半解。岁月时日要比运气多得多。行动宜速，享受宜缓。业绩可贵，当一切过去，享乐不再。

175. 做一个有内涵之人。 若你如此，你便不会欣赏那些徒有其表之人。实质根基不稳却身处高位是不会幸福的。真正的男人，徒有其表的比真材实料的要多。有心生妄念策谋欺诈的伪君子，也有类似他们、怂恿他们，偏好欺瞒的不确定性（非常多）也不喜欢真实的必然性（几乎没有）的人。因为没有正直的根基，他们的痴心妄想结果糟糕。只有真实真理才能带来真正的名誉，只有实质内涵才能有所收获。一个谎言需要另一个谎言去弥补，欺骗一环套一环，很快整个空中楼阁会轰然倒塌。根基不稳之事不会长久。他们的承诺引人怀疑，他们的证据令人唾弃。

176. 有自知之明或听从有自知之明之人。 生活需要理解力，要么是自己了解，要么是借助他人理解。很多人没有意识到自己有些事不懂，有些人根本不懂却自以为自己明白。愚蠢之事，无药可救。因为无知根本没有自知之明，他们也从不寻找自身不足之处。有人要不是自以为是早已成为圣贤。审慎的哲人很少，可因为无人请教，全部闲散无事。求教于人无损你的伟大，也不会令人怀疑你的才华，恰恰相反，它只会为你的美誉加分。要战胜不幸，就要理智地求教于人。

177. 莫要与人过于亲近或让他人过于亲近你。否则你会失去正直赋予你的优势，声望有损。星辰不与我们擦肩，所以璀璨依然。神圣需要威严，亲密滋生轻慢。人间万物，最常用之物也是最不被待见之物，因为接触交流越多，缄默所藏的不足之处便越明显。不要与任何人过于亲近，与上司过于亲近有点危险，与下属过于亲近有失威严，尤其不能与乌合之众过于亲近，他们既愚蠢又张狂，他们看不出你是善意相帮，还以为是你应尽之责。过分亲近与庸俗粗野前呼后应。

178. 随心而动。跟着感觉走，尤其内心声音强烈之时，切勿与之背道而驰，因为它总能预测要事先机，此乃天生神谕。很多人因恐惧消亡，不采取手段阻止，只是害怕又有何益？有些人天生内心忠诚，总会预示警告，救人于水火。仓促应战绝非谨慎之道，但可以半路阻击力求征服。

179. 沉毅寡言乃才华之封印。直抒胸臆犹如公开信件，城府深沉方能隐藏秘密。深沉源自自我控制，能够沉毅寡言实乃真正的胜利。你致敬多人，也会同样对自己心生敬意。明慎处世的关键在于内心之平和节制。对你的心思了如指掌之人，反驳你、意图控制你之人，或是对你（即便再精明也会丢盔弃甲）设计圈套之人，会令你的深沉城府遭遇险境。欲做之事莫宣之于口，言明之事莫付诸行动。

180. 不要受制于对手该做之事。愚者从不听谨慎之人的劝告，因他不知其中之益。智者也不会依计行之，因他欲藏意图，以防被人发现会有所防备。应权衡利弊，反复斟酌。尽量折中不偏不倚。莫要思索必然之事，琢磨一下可能之事。

181. 莫要讹言谎语，也莫要直言不讳。吐露真言犹如给心脏放血，极需技巧精妙。技巧精妙方能收放自如。一句谎言便可使你言而有信的声誉扫地。被骗之人似有过失，行骗之人看似虚伪，更为糟糕。不是所有真相都能和盘托出，直言不讳：有些为自己应三缄其口，有些为他人也应闭口不言。

182. 人前稍示勇气，不失为处世之智。不要太高看他人，自己心生畏惧。莫让想象吓破胆。看似伟大之人，与之相处便知根底，与之交谈便往往失望多过敬重。无人能超越人性的极限。人人的学识性情都有想象之处。地位只赋予表象权威，极少与其德才相称，因命运往往使其身居高位却才气不足。想象力总会先入为主，夸大事实。源于经验的理性分析会一清二楚，矫枉扶正。愚者不宜鲁莽，君子不宜怯懦。若自信，可助愚蠢简单之人，对有勇有谋之人岂非如虎添翼！

183. 莫要一意孤行。愚者顽固，越是判断失误，越是执迷不悟。即便正确，退让也是有益的：他人会承认你是对的，更会赞赏你的风度。一意孤行的损失比打败他人的战利品还要多。人维护的不是真理，而是蛮横无理。总有头脑顽固之人难以劝服，不可救药。异想天开之人执迷不悟之时，便成就了永远不变的蠢不可耐。意志须坚定不移，判断力不需如此。当然总有例外，人不应一退再退，判断一次，执行一次，二者不可同时让步。

184. 莫要拘泥于虚礼。即便是国王之间，偏爱客套虚礼也显得神经兮兮。拘泥于形式主义的人令人生厌，有些国家举国上下都遭此患。愚者崇拜自身体面，其衣饰便由如此蠢法织就，其显示的体面不过是气量狭小，任何事都会让他们感到冒犯。要人尊重没错，但偏爱此道便有错。当然，完全不拘泥于虚礼之人需要莫大的天分方可成功。礼节之事既不可夸大也不可鄙弃。专注于繁文缛节并不能显示自身伟大。

185．切莫孤注一掷赌名声。若孤注一掷不成，名声便难以修复。一次很容易失败，尤其是第一次。你不会一直如日中天，也不可能一直吉星高照。一次不成便试试第二次，若一次便成，第二次便有所帮衬。总有进步与挽回的机会。万事依赖于种种不同情势，靠运气成功实属罕见。

186．知其不足，即便表象并非如此。恶习缺点即便乔装打扮，诚实正直也能一眼便知。有时它头戴金冠也难掩其钢铁之质。奴隶制度即便身处高位也难掩其龌龊本质。恶习缺点可被改进，仍处底层。有人见英雄身有不足，但未领悟并非其不足之处成就了英雄。身居高位之人，感染力强大，甚至丑陋之处人人也竞相模仿。阿谀奉承之人甚至效仿丑陋嘴脸，但未曾明白伟大表里不一之时，表象所隐藏的令人憎恶不已。

187．众人所乐之事，亲力亲为。伟大高贵之人宁愿为善不愿受惠。麻烦他人，或同情或懊悔，难免心生烦忧。报答他人之时，亲自为之。

188．善于发现可赞美之事。此举可归功于你的品位，并让他人相信你品位非比寻常，从而希冀得到你的尊重。若有人已发现完美所为何物，无论何处有美他都会珍惜爱护。赞赏可引发谈资，引来效仿。自身彬彬有礼是向同行之人赞叹有礼有节的文雅之道。有人却反其道行之，他们总能找到事情来挑三拣四，贬损不在场之人来取悦在场之人。对于看不出其中门道的肤浅之人十分奏效：厚此薄彼都如出一辙。谨慎之人可以识别其中伎俩，既不要因言过其实，也不要因阿谀奉承而让步屈服。要明白无论与谁同行，这些吹毛求疵之人的手段全都一般无二。

189. 雪中送炭更暖人心。 困窘之时，渴望非凡，此时他人更需得到帮助。

190. 在万事万物中寻找慰藉。 即便百无一用之物也有所宽慰之用：永恒持久。世上万物皆有利可图。愚者自有其运气。如谚语所言："美人常羡丑女之福。"价值越低越长久。令人恼火的破镜子永远不会彻底破碎。天妒英才，命运让无用之人持久长寿，让重要之人英年早逝。举足轻重之人往往缺衣少食，一无是处之人却是丰衣足食，或是表象如此或是真实如此。至于不幸之人，运气和死亡都似乎串通一气将其置之脑后。

191. 莫为恭维买单。此乃欺诈之举。有些人无须迷药便可施展魔法，单靠适时脱帽致礼，他们便可使愚者鬼迷心窍，确切地说是爱慕虚荣之人。他们售卖虚荣，三言两语的恭维之词便可为其付清债务。满口承诺之人不会兑现承诺。承诺是为傻瓜设下的陷阱。诚意谦恭是一种责任，虚情假意是一种欺骗，过分的谦恭并非尊敬倒是依赖。并非为人品倾倒之人，为财富恭维弯腰，不为优秀品质倾倒之人，为得到恩惠屈膝。

192. 平心静气之人长命百岁。心平气和者不仅会生活，而且还是生活的主宰。博闻多识却安静沉默。白日与世无争，夜晚便能安心入眠。活得久并且快乐舒心便是两次生命：平和的好处。若不计较鸡毛蒜皮之事你便坐拥一切。凡事斤斤计较最为愚蠢。事不关己却为之费心伤神，如同事关自己却如同未受伤害一样愚不可及。

193. 小心假装事事以你为重之人。谨防上当，小心为上。精明对手，更需谨慎。有些人善于把自己的事变成你的事，若你未曾觉察其意图所在，你便会被其利用。

194. 切合实际看待自身与自身之事。若刚刚踏上人生旅途，行事更当如此。人人都自视清高，越是头脑简单之人越是自视甚重。人人梦想走运发财，想象自己神童转世；希望会有所获，经历却无所得。对现实清醒的认识是对虚妄想象的煎熬折磨。要明智，抱最大希望，做最坏打算，如此才能对任何结果安之若素。目标可以稍定高远，但绝不能高不可及。开始工作时，先调整自己的期望。经验不足之时，推断往往出错。才智是各种痴傻愚蠢的灵丹妙药。了解自己的行事范围、自身状态并使想象落到现实。

195. 懂得识人之道。人各有所长，无一例外，也总有他人在此长处仍高人一筹。了解如何确切地欣赏每个人非常有用。智者尊重每一个人，因他了解人各有所长，也明白成事不易。愚者鄙视每一个人，部分出于无知，部分因他的喜好总是最糟。

196. 了解自己的幸运之星。人人都拥有一颗幸运之星，无一例外，若你不幸，是因为你尚未发现它。有人可以与王侯将相相交却不知其中缘由，得命运青睐而已。幸运之星与之相随只是让其努力顺应了运气而已。他人受智者恩惠。有的人在某个国家比在另一处更受欢迎，在某地更闻名，即便与他人势均力敌，有人在前进路上也更为幸运。好运转来转去，随心所欲。人人应了解自己的气数，了解自己的才华，输赢全在于此。知晓如何追随自己的幸运之星。切莫擅自更换或对此不屑一顾。

197. 不要栽在傻瓜手中。傻瓜就是不识白痴之人，甚至即便识得白痴却无法摆脱之人。即便是泛泛之交，与愚者交往很是危险，若向他们推心置腹危害更大。开始时，他们会因自身或他人谨慎而守口如瓶，但如此克制只会让他们愚蠢更甚。毫无名声可言之人只会让你名声扫地。傻瓜总是不幸，晦气压顶，双重霉运伴其左右，相交之人也会受此波及。尚有一事不算太糟：智者对愚者无用，愚者对智者倒可用作反面教材。

198. 懂得迁移之道。很多民族移居之后方得世人尊重，身处高位者尤为如此。故土对出类拔萃之人犹如后母般恶毒。嫉妒之心植此沃土主宰万事，为人所记的不是后来的伟业而是最初的不足，不过旧时一枚别针在新大陆就备受尊崇，一枚玻璃珠就让世人唾弃钻石㉑。异域风情总能得人尊崇，不管是远道而来还是因为精雕细琢日臻完美之时才为人发现。有人蜷缩一角，遭人白眼，却出类拔萃，闻名于世。本国人尊崇他是因为他遥望不及，外国人尊崇他是因为他自远方来。圣坛上的雕像永远也不会受到某些人的敬重，他们回首所见不过林中的

㉑ 暗指欧洲人发现新大陆之事。

一树干而已。

199. 欲得人心，小心为上。切莫强人所难。扬名立万的正道是功名成就，若勤勉努力，便可迅速成名。只有正直尚不足够，只有勤勉也有所欠缺，过分努力而卑鄙无耻，会让你名声扫地。取中庸之道，既有功绩又知展现之道。

200. 有所期待便不会贪心不足。身体需要呼吸，精神需要给养。若坐拥一切，一切都会令人不满失望。即便理解力，也需学习拓展以满足好奇之心。心怀期待便会活力满满，但贪乐过度，乃灭顶之灾。回报他人之时，切勿令人满足。他们无欲无求之时，你应处处当心——贪心不足蛇吞象，欲望尽头便是恐惧。

201. 世人半数看似愚蠢，半数看似正常。愚昧掌控了整个世界，若智慧尚有残留，也是上帝眼中的愚蠢可笑。最大的傻瓜是没有自知之明，认为他人是愚蠢之人。要英明博学，看似聪明并不足够，自视贤明更为糟糕。自觉不知却明白，未见他人所见时即无见。世界处处是傻瓜，无人自知如此或力求改变。

202. 言行一致方为完人。头脑清晰可善言，心地善良可善行，善言善行，二者皆可提神净气。语言是行动的影子，语言为雌，行动为雄。接受赞美远胜赞美他人。言易行难。生命本质在于行动，至理名言只是饰物。盛名因行动永垂不朽却因言语消逝凋亡。行为是深思熟虑之物，言语明智，行为强大。

203. 了解同时代的伟人。伟人罕见，如世上仅有的一只凤凰，一位伟大船长，一个完美演说家，百年一见的智者，千年一见的贤王。庸者比比皆是，无人尊崇。出类拔萃者稀少，因为他们要求尽善尽美，级别越高便越难以企及。很多人以"伟大"自居，借用恺撒大帝与亚历山大之名，也只是徒劳无益；若无功绩，"伟大"二字也只是轻飘飘的戏言。塞涅卡加式之人不多，也只有阿佩利斯美名久扬。

204. 举轻若重，反之亦然。如此便不至于自信过头也不至于灰心丧气。只需当作完工便可逃脱躲避。但勤勉可战胜一切困难。生死关头，不必思考，直接行动。莫为困难所扰。

205. 学会利用藐视。傲睨自若是俘获心水之物的手段之一。世间万物，越是苦苦寻觅越是深藏不露，稍后若放弃追逐它们却又自行奔涌而来。世间万物皆为神之倒影，其行踪亦如暗影，你追它跑，你跑它追。不屑一顾是最精明的报复手段。有至理名言如是：切勿笔伐他人，因笔伐他人有迹可循，只会给对手可乘之机而无法惩处其傲慢无礼。卑鄙小人反对伟人总是诡计多端，千方百计，拐弯抹角地要去赢得那名不副实的名望。若其卓越对手置之不理，很多小人便会寂寂无闻。遗忘是最大的报复，把他人葬送在其愚蠢浅薄之中。厚颜无耻之徒妄想燃尽这世间史上所有美好奇观以求永世闻名。平息这尘世纷扰的手段之一便是对其漠然置之。指责非难都会伤及自身。赋予其声誉便会使自己声誉受损。要庆幸有人追随效仿自己，尽管他人气息即便不会黑化也会玷污这至臻至美。

206. 须知粗俗之辈无处不在。即便科林斯城[22]里和最显赫家族里也无可避免。家家户户人人皆有所经历。平民百姓之中有粗俗之辈，名门望族之中的庸俗之辈更为糟糕。这些人身上的粗鄙之质犹如破碎的镜片，危害更大。他们自己言行无状还妄议他人。他们是无知之爱徒，白痴之教父，贪恋下流无耻的流言蜚语。无须在意他们所言，更无须在意他们所感。了解他们是为了避开他们：避免与之同流合污或成为其攻击对象。任何愚昧都是庸俗，粗俗之辈也全是愚蠢之人。

---

[22] 此处是学识修养的标志之物。

207. 卑己慎行。 突发偶然事件应万分小心，一时冲动会使审慎失衡，此处便是你失足溃败之处。狂怒或满足的瞬间所为要比冷淡之时数小时之为还要多。一时的恣意妄为会让人终生悔恨。狡诈之徒为谨慎之心设下陷阱，以求探悉事态发展，摸清对手底细。窥探机密便得深入伟人的心灵深处。对策呢？对策便是卑己慎行，一时冲动时更应如此。控制自己的激情犹如驾驭烈马，须沉思默虑；若能在马背上保持理智，万事皆能理智处之。预见危险之人会摸索前行。冲动之下的言辞对于脱口而出之人也许轻如鸿毛，但对于听取之人或重于泰山。

208. 莫要愚蠢致死。 智者通常精神错乱而终，愚者因受劝窒息而亡。若推理思考太过便会死于愚蠢。有人因事事敏感而死，有人因麻木不仁而亡。有人愚蠢因其毫无悔恨之意，有人愚蠢因其事事悔恨之心。过慧而夭，愚不可及。有人因事事明了而夭折，有人因事事糊涂而活着。尽管很多人死于愚蠢，却很少有傻瓜死于愚蠢，因为他们从未真正活过。

209. 摆脱大众愚迷。 此举需头脑特别清楚、冷静。大众普遍愚迷之举约定俗成，有人能阻止个别人的愚昧却无法阻止大众的无知。庸俗之辈即便已是鸿运齐天也从不满足于自身运气，即便已是糟糕透顶也从未不满于自身才智。不满于自身幸福，却垂涎他人之物。当下之人赞叹昨日之事，此处之人向往他处之事。逝者看似更好，远者更为珍贵。嘲笑一切之人如同事事不如意之人一样愚昧无知。

210. 应对真相，取之有道。真相有危险，但好人不能不道明真相，这就需要技巧。心灵专家虚构真相的甜美，因为谎言被真相拆穿，确实苦不堪言。此举需要技巧高超，举止得当。同样的真相，有人甜言媚语，有人逆耳难听。与聪明人打交道时，略微提及已是足够，甚至无须言明。永远不要给王公贵族苦药，糖衣裹之，令其醒悟。

211. 一念天堂，一念地狱。天堂间万般皆乐，地狱里万般皆苦，二者之间的地球之上，有苦亦有乐。我们生活在两极之间，二者兼得。祸福无常，幸福不常在，苦难亦不长久。如此生活毫无意义，生活本身毫无意义。但辅以诸神，生活便意义非凡。以淡泊之心看这世间千变万化是谨慎小心，智者对新奇之物漠然置之。人生如戏，有开场便有闭幕，要结局良好，须万事小心。

212. 切莫全盘托出自身绝艺。良师名师传授精妙之术的方法也是精妙无比。深藏绝技，永为人师。展示技艺之时也要讲究策略。教授指导或给予他人之时莫要枯本竭源。如此方可声誉长存，他人也会长此依仗于你。教授指导他人和满足他人所求之时，你应激发他人的崇拜之情且点点滴滴展示自身造诣。有所保留永远都是生存和胜利的重要法则，大事要事上更应如此。

213. 驳难有方。激怒他人的好办法就是让他人全身心投入，自己却置身事外。反驳他人便可刺激他人情绪失控，质疑他人便可使他人将秘密和盘托出，此乃打开他人紧闭城府的密钥。精明锐敏便可试验出他人的决心与判断。对他人遮遮掩掩的只言片语精明得表现出不屑一顾，你便可深入他人机密之中，诱使他们点点滴滴开口道来。谨慎之人的矜持不苟让他人无所保留，当他们本应高深莫测之时，一切情感便展露无遗。佯装有所疑惑乃好奇之心的万能钥匙，它会让你得偿所愿。即便是在学问之上，好学生反驳老师会使老师更为热心地去解释说明，去捍卫真理。小心谨慎地去挑战他人，他的教授指导会更加完美。

214. 行不贰过。为纠正一次错误，我们往往会一而再，再而三地犯错。人们常说一个谎言会引发另一个更大的谎言。荒唐之举亦是如此。死不认错已是糟糕，不知如何掩瑕藏疾更为糟糕。缺失不足已是艰难棘手，若为之维护辩解，变本加厉，你会付出更大的代价。圣人的伟大之处在于他们可以犯错，但行不贰过：他会犯错，但不会就此停滞不前，以此为家。

215. 谨防心怀不轨之人。精明之人善于瓦解他人意志后加以打击。人一旦有所犹豫便易于落败。这些心怀不轨之人隐藏其真实意图，意欲得偿所愿，便会退居其次以求一举制胜。无人注意其确定目标之时正是其一发破的之际。但凡他人有所图谋便应保持清醒。他人暗藏图谋之时更应加倍谨慎。识破他人诡计须小心为上。仔细观察他人来来往往以便瞄准其所求之物。在阴谋得逞之前，他们往往声东击西，拐弯抹角。要小心他人的委曲求全。有时最好的手段便是让他人知晓你已经识破其计谋。

216. 表情见意，清晰简易。犹如怀孕生子，有人酝酿得当但表达欠佳，因为表达不清，灵魂之子——思想概念及决心计划——都难产而亡。有人如同酒壶，肚中满满，倒出来很少，相反地，有些人说的要比感受的还多。意志力对于决心而言就如同智力对于表达清晰而言：二者皆有伟大天赋。思路清晰之人受人称赞，头脑混乱之人常因其难以思议被人崇敬，事实上，有时为了不落俗套，表达隐晦也好。但是若我们自身都不明白自己所言为何物，他人又如何能理解我们的所听所闻呢？

217. 切莫爱恨不变。对待朋友，要想到他们可能会成为自己最大的敌人。现实中确有其事，我们便应提前预防。我们不应向友情中的叛徒缴械投降；他们会借此发动最糟糕的战争。相反，面对敌人之时，和解的大门可以畅通无阻。勇敢之门最为可靠。复仇的快感往往变成折磨，伤人的快感也往往变成痛苦。

218. 万事须深思熟虑，切莫执迷不悟。任何执着都是祸害，激情的结果，永远都不对。有些人事事挑起战火，如同土匪强盗，样样都要征服他人。他们不懂何为和平相处。若上位者如此，尤其祸害无穷。他们会把政府分帮结派，会让像孩子般温顺之人与之为敌。事事鬼祟神秘为之，事成便归功于自身足智多谋。一旦他人发现自己的荒谬脾性，他们便恼羞成怒，阻止其荒唐追究，最终他们一事无成。他们牢骚满腹，他人以此为乐。他们判断失策，有时心智不全。应对如此怪物只能是逃离文明世界与野人为伍。因为野人的无知尚能忍受，如此之人的野蛮却让人忍无可忍。

219. 莫因诡计多端闻名于世，即便你生活中与之形影不离。谨慎胜于机敏。人人喜欢他人以诚相待，但并非人人皆以诚待人。别让真诚变为天真，精明变为狡诈。宁为智者受人尊崇，也不要因为诡秘为人所畏惧。真诚之人为人所爱，但常为人所骗。精明诡计被视为欺骗，最精妙的诡计便是不露痕迹。盛世之时正直为上，乱世之时恶意横流。被视为能人干将，体面荣耀，激发信心。但被认为诡计多端便会引人猜忌。

220. 若不能成为王者，狐假虎威也好。跟随时代潮流是为了引领潮流。若得偿所愿，便不会有损声誉。若缺乏胆识，施以巧技，勇敢之正途或巧妙之捷径，二者选其一。知识与胆识相较，知识成就更多；智者与勇者相较，智者胜利更多。若不能得偿所愿，便有受人白眼之虞。

221. 莫要鲁莽。不要置自己或别人于危险之中。有些人使自己尊严有失，也使他人尊严受损。他们总是濒临愚蠢边缘，这种人常见却难以相处。一日之中百种烦恼也不厌烦。事事惹他们不爽，人人惹他们不快，见人就对着干。他们论断迟钝，反对一切。最挑战我们谨慎之心的便是那些一事无成又事事挑剔之人。心存不满之地辽阔无边，处处都是怪胎。

222. 小心翼翼的瞻前顾后乃谨慎之象。口舌犹如野兽，一旦挣脱束缚就难以使之回笼。它是灵魂之脉搏。智者依此来检验我们心灵康健；别有用心之人依此来聆听他人心声。问题在于最应小心谨慎之人往往最为粗心大意。智者会避免困境和险境，表现出其自制力。智者慎重周到，两面兼顾犹如古罗马门神杰那斯，警惕性高犹如阿耳戈斯人。更为聪明的莫摩斯[23]，应该希望人手上长眼睛而不是胸口开窗户。

223. 莫要怪里怪气，异乎寻常。 不管是装腔作势还是无心之举，很多人有明显怪癖，做一些荒诞之事，与其说这是与众不同的标志，倒不如说这是缺陷之处。有些人因面部奇丑而为人所知，古怪之人因其自我管理过分而为人所知。怪里怪气只会毁掉自身声誉。你自己的特异之举，或令人嘲笑，或令人生厌。

224. 随遇而安。 即便事与愿违，切莫违背本性。事事皆有两面性，若手握刀刃，最好的利器也会伤及自身；若手握刀柄，最糟的钝器也是防御守护。痛苦之事若能想到其有利之处也会让人快乐。万事皆有正反两面，技巧就在于如何将万事转为于己有利。万事角度不同，面目不同。因此从快乐角度看，不要好坏不分，这也是为何有人事事满足，有人事事烦忧。无论何时，无论何求，此举为抵制厄运的

---

[23] 莫摩斯（非难指责之神）指责赫菲斯托斯（火神）创造人时没有在其胸口留扇小门以便他人可以窥探其秘密想法。

坚强防线和伟大的生活法则。

225. 了解自身主要不足。每种才能都有相应的缺点，你若屈服于这个缺点，便如同被暴君统治支配。多加小心便可以识别出缺点，然后克服它。若要掌控自我便要反躬自省。一旦克服了主要不足之处，其余缺点也随之而降。

226. 博取众人好感。很多人行事非己所愿，被迫为之。坏人坏事令人轻信，即便有时看似难以置信，人人都能说服我们。我们所有最好、最重要之物都依赖于他人尊敬。有人满足于自己的刚正不阿，但这远远不够，必须努力不懈。取悦他人代价不大，获益不少。言语口舌可以成事。天下之大，犹如房子，再微不足道的器具每年也至少会用到一次。价值很小，但需求很高。记住，人们所言所语也是他们心之所向。

227. 莫为第一印象所惑。有人把第一印象作为正统，后来者视为补充，犹如婚姻中的正室与偏房。因为欺骗总是捷足先登，真相已无容身之地。不要让第一个目标成为自己终生所求，也不要让第一个想法占据你的脑海，如此显得你毫无深度可言。有人就像新酒器，无论酒好酒坏，最初的香气总是为它们所吸收。若他人知晓你的弱势所在，便会开始图谋不轨。心怀不轨之人会将你的轻信随意更改为自身所欲所求。凡事总有时间三思而后行。亚历山大总会留心听取故事另一面。关注一下自己的第二、第三印象。轻易被人打动既显露你缺乏深度，也几近冲动之举。

228. 莫要造谣生事。 不要因中伤他人声誉而闻名。不要在损人利己方面精明睿智：事情简单但令人厌恶。人人都会报复于你，说你坏话，你孤立无援而他们人多势众，很容易落败。不要幸灾乐祸，不要搬弄是非。多嘴多舌之人总是令人厌恶。他或许混迹于伟人之间，但伟人只会把他当作笑料之源而非谨慎之源。谗言之人非议更多。

229. 分配生活，英明睿智。 急难当头，不要稀里糊涂，应有先见之明，应有分析决断。没有休息的生活痛苦不堪，犹如一整日的长途旅行却没有休息之地。生命之美好在于学识之渊博。美好生活的第一步便是与逝者对话：我们生来便是去了解他人，了解自己，书籍会让我们诚实地成长成人。第二步便是与生者对话：要看到这世上所有的美好，并非事事皆在同一领域，贫瘠之地或有最美之物，犹如分配嫁妆之时，父亲一般会把财富留给最丑之女。第三步便是与自己对话：哲学思考是所有快乐之首。

230. 大梦初醒，为时未晚。有见之人并非个个都睁着眼，睁眼之人亦非个个都看得见。醒悟太迟带来的不是安慰而是悔恨。有人在失去一切之后才开始领悟：找到自我之前他们早已失去家园、失去事业。理解缺乏意志之人很难，赋予无知之人决心更是难上加难。人们围堵取笑这些眼瞎心盲之人，因为他们对劝告听而不闻，对世界视而不见。有人推崇这种盲目，决意与他人不同。有眼无珠之人的马是不幸的，它永远不会变得光洁顺滑。

231. 未完之事勿示人前，完美之后再供人欣赏。万事开端杂乱不明，萦绕心头的是残缺不全的形象。即便完工，记忆中的残缺形象也会破坏我们的兴致。大件物品，一眼扫过会让我们忽视细节，但会满足我们的品位。未完之前，一切皆不算数，开始之时，也是聊胜于无。即便是山珍海味，观其烹饪过程也会让人倒尽胃口。大师之作在萌芽状态会小心防范他人窥探。向自然学习，除非美好之作，否则勿示人前。

232. 躬行实践一番。并非事事都靠思考，你必须采取行动。最聪明之人也最容易上当受骗，他们或许了解很多不同寻常的知识，但对生活必需琐事却一无所知。对高深之事的关注使他们脱离卑微简易之事，因为对最基本生活常识一无所知，他人却对此了如指掌，肤浅之辈对其或大为赞叹，或感叹其无知。因此智者须躬行实践一番，至少不再上当受骗或被讥笑挖苦。了解如何把事情做好：或许不是生命中最高尚之事，却是生活中最必不可少之事。若不实践，知识又有何用？如今，真正的学问在于懂得生活之道。

233. 深谙他人品味，投其所好。 切莫误石为宝，适得其反。因为不了解他人性情，有人想博取他人好感却最终惹人厌烦。同一件事，有人视为奉承，有人视为侮辱。你心中的扶持之举在他人眼中变成冒犯之举。有时取悦他人本就比惹恼他人更为容易。当你取悦他人毫无方向之时，他人对你的感激之情也消失殆尽了。若不了解他人性情，你便无法投其所好。这也是为何有人自以为在歌功颂德，实际上在污蔑侮辱，这实在是咎由自取。有人夸夸其谈自以为在奉承我们，实际上是啰唆唠叨让人灵魂受到煎熬。

234. 若自身荣耀委以他人，他人荣耀便可为质。 言多受罚与沉默是金对你们二者而言是一样的。一旦事关荣辱，大家利益一致，自己一人之声望应照顾到他人声望。最好不要向他人吐露心声，一旦如此，则需事事安排妥当，保证知己之人加倍谨慎小心。只有共担风险才能休戚与共，知己之人才不会背叛于你。

235. 求人有方。世上之事，对有些人来说难如登天，对有些人来说易如反掌。但确有一些人不懂如何拒绝他人；对于他们你无须任何手段、心机。有些人不假思索就拒绝别人，这种时候你就需要颇费些心力，与他们所有人打交道时应讲究恰当时机。趁他们精神肉体都得以满足之后，心情愉快之时，抓住时机，除非他们非常留心看穿了你的意图。快乐的日子是乐于助人之时，因为快乐由内而外散发。看到他人被拒之后就别再尝试，因为他们已不再顾忌多拒绝一人，你也不会在伤心之人之处获益。提前让他人欠自己人情不失为上策，除非他们卑鄙下流，不思回报。

236. 将酬功恩赏转为人情。此乃精明之策。比起简单的酬功恩赏，施恩于人更显高贵，及时出手相助倍显自身之德，不待请求便提前给予他人匡扶，对收受之人而言更为亲密。另外，义务所在转变为感恩之情。如此转变甚为微妙：起初是你清偿债务，结果却成了债主欠情。此举只适合修养良好之人。无赖之徒，提前支付酬金乃制约之举而非激励之措。

237. 切莫与更强者分享秘密。你或许以为大家可以共享美梨，结果自己只是得享梨皮。很多人作为心腹知己不得善终，他们如同面包皮做成汤勺，同样的入肚下场。倾听王子的秘密不是一种特权而是一种负担，很多人打碎镜子是因为镜中的自己丑陋不堪，他们无法忍受看到自己不堪面目的那些人。若你看到一些不堪之事，别人看你也不顺眼。切莫让人记得欠你之情，尤其是有权有势之人。让人记住你所施之恩，而非你所得之物。朋友间的机密信任是最危险之事。向他人吐露心声之人变身为奴，如此暴行掌权之人无法容忍。为寻回自由之身，他们不惜践踏一切，包括理性。秘密？听不得也说不得。

238. 了解自身不足之处。很多人若能弥补自身不足之处便可成为完人，若从细微之处关注，也许会成就更多。有人不够严肃认真，伟大因此而黯然失色。有人不够亲切有礼，掌权之事尤其如此，亲朋好友因此别过。有人执行力不够快速，有些人不善沉思。若他们注意到自身不足之处，便可以轻易弥补。加以注意，习惯便成自然。

239. 莫要自作聪明。最好谨慎行事。若过分机敏，你会错失要点或自坏其事：一般精妙之处就在于此。常识比较安全。聪明睿智是件好事，但不要卖弄。太多推论就是一种争辩。重要论断，必要时推论最好。

240. 利用愚蠢，学会装傻。即便最为聪慧之人也时用此计，有时最高学识看似一无所知。不必懵懂无知，伪装如此便可。愚蠢之人不在乎智慧，疯狂之人不在乎理智。因此大家各说各话。貌似愚蠢之人并非真正愚蠢，愚者本身才是愚蠢，若有诡计装蠢便无愚蠢可言。要赢得他人尊崇，便要学会装傻。

241. 允许他人取笑自己，不取笑他人。前者是种礼貌雅量，后者会使自己身陷困境。聚会之中不善言辞之人比实际情况更为粗野。妙趣玩笑令人愉快，懂得如何承受才是人才。若有所不满，会引他人继续找碴。有时玩笑应当适可而止。最为严重的问题都是玩笑引起的，玩笑最需要关注与技巧。开玩笑之前，要了解他人的承受能力。

242. 将胜利坚持到底。有些人做事往往有始无终。反复无常之人，开了头却不能持之以恒，因为他们参与行动却不能贯穿始终，永远得不到赞誉。对他们而言，事情未到结尾之前就已经结束了。西班牙人以性子急不可耐而闻名，比利时人以容忍耐心而闻名。后者完成一切，前者终结一切。一个人艰苦努力地去克服困难，克服困难之后便心满意足，却不知道如何将胜利坚持到底。如此可证明他可以做到却不肯坚持。这是永远的不足之处，此举显示其性格反复无常或以鲁莽行不可为之事。凡事值得去做便值得做完。若不值得完成，为何还要开始？智者不会仅仅追踪猎物，最终目标还是要抓获猎物。

243. 不要总是温和一派。集毒蛇之狡诈与鸽子之纯真于一身。善良之人最容易被人愚弄；从不撒谎之人容易相信他人，从不欺诈之人也容易信赖他人。被人愚弄不总是愚蠢所致，有时也是善良所致。有两种人善于预见危险，即吸取自身教训之人和总结他人经验的聪明之人。预见困难时小心谨慎，摆脱困难时精明睿智。不要太心地善良给予坏人可乘之机，应一半狡诈如毒蛇，一半温和如白鸽，如此不是怪物，而是天才。

244. 让他人欠自己人情债。有些人把自己得利伪装成他人受益：看似施恩于人，实际上自己得利。有些人特别精明狡猾，请求他人帮助时给予别人荣耀，自身得利使他人增光。他们安排有度，使他人付出之时犹如应偿义务。他们聪明异常，仓促之间颠倒主次，反客为主，使施恩受惠二者迷惑不清。三言两语的赞美之词便可获取最好之物。他们尊崇奉承某物以示自己喜好之情。他们要求他人谦恭有礼，他们自己本应心存感激却让他人欠自己人情。他们把"帮忙"一词由被动变为主动，他们更擅长的是权术转变而非语法变更。这真是妙不可言，但能当场破其诡计，阻止其转变，让荣誉归位、让优势恢复则更为精妙。

245. 有时应不合情理地去推论。如此方可证明你才识过人。对从不反对你的人不要评价过高。这表明他不爱你只是爱自己。不要被阿谀奉承蒙蔽：无须回应，只管谴责。视他人批评为荣耀，尤其是被说好人坏话之人批评。若人人对你所有满意你应感到痛苦，此举表明你的所有并不优秀，因为完美只属于极少数人。

246. 不必主动解惑释疑。即便有人有所要求，急切的解释也是愚蠢之举。未经要求的借口托词是自示有罪，康健之时的自伤是惹祸上身。事先给自己找借口会唤醒本应沉睡的怀疑之心。谨慎之人在他人怀疑面前眼睛都不眨一下，否则就是自讨苦吃。以坚定正直之态矫情自饰方为上策。

247. 学识须多多益善，生活须避繁就简。有人则与此相反。适当的休闲胜过不当的工作。除了时间，我们一无所有，时间也是无助之人与无家可归之人的唯一寄托。生命如此宝贵，在枯燥琐碎之事上花费时间与在崇高之事上浪费太多时间一样愚不可及。不要为工作或是嫉妒之心所累，生命因此蹉跎，精神因此虚脱。有人因此引申至学识，但人若一无所知便无法生存。

248. 莫为最新印象所惑。鲁莽之举易走极端，有人只相信最新消息。他们的理智与欲望如同蜡制：无论是什么，最新的烙印会抹掉一切往日痕迹。如此之人或得或失都很容易，人人都能影响，左右。他们毫无秘密可言，如同永远长不大的孩子。他们的判断与喜好反复无常，总是变幻莫测，意志不坚，判断不足，左右摇摆不定。

249. 莫等日暮西山之时才开始生活。有些人开始时便休息，把努力与疲乏留到最后。开始便要做必要之事，若有余日，再做补充之事。有些人未曾努力便想成功。有些人从无关紧要之事开始，把那些能带来声望与实用之事推迟到了生命尽头。有些人刚开始走运便自大虚荣起来。无论认知与生活，方法至关重要。

250. 逆向推理须有时。与心怀恶意之人对话应逆向推理。有人逆转一切：颠倒是与非。他们若批评某事，就表明他们自己对此评价颇高。因为他们自己有所觊觎，就试图在他人面前破坏抹黑。并非所有赞扬都是心口如一，有人不愿赞颂好人便称颂恶人。若有人找不到坏人，他眼中便也没有好人。

251. 人力与神力之计。人力所及之处宛如神道不存，神力所及之处宛如人道不在。一位大师[24]曾如此告诫世人，至理名言，无须评论。

252. 不要完全为自己或完全为他人而活。此举有些粗俗专横。若只为自己，你会将一切据为己有。如此之人不懂如何放弃，即便是微末之事也不放手，自身舒适一丝一毫也不肯放弃。他们不得人心，只相信自身运气，有一种莫名虚妄的安全感。有时考虑一下他人也无妨，他人也会为你考虑。若担任公职，你就是人民公仆。正如老妇人对古罗马皇帝哈德良所说：要么负起重责，要么让位不干。有人完全为他人而活，因为愚蠢总是做得过多，这种过分确实令人不快。他们没有任何一天、任何一小时属于自己，完完全全把自己奉献给他人，即便在理解方面也是如此。有人了解他人一切却对自己一无所知。若你谨慎便会明白向你请教之人不是为了你而是为了他们自己。他们感兴趣的只是你能为他们所做的。

253. 不要把想法表达得过于清楚。多数人看低自己所能理解之事，尊崇自己不能理解之事。难得之物方显珍贵：若他人无法理解你，他们便会尊崇你。若要赢得尊重，比起交往之人所期待的，你看似更为明智、更为谨慎。但应适度为之。聪慧之人重视智力，但多数

㉔ 此处指耶稣会创始人洛约拉（1491—1556）。

人需要提升空间。让他人一直揣度自己的意思，不给他人机会去批评指责自己。很多人称赞别人却不知所以然。他们尊崇所有隐秘难解之事，他们的称赞也是随波逐流。

254. 不要轻视小小祸事。祸不单行，会接踵而至，幸福亦是如此。祸福通常都被各自吸引至其聚集之处，多数人会趋福避祸。即便是鸽子，也会飞向鸽舍。不幸之人一无所有，失去自我，丧失理智，也没有任何慰藉。不要叨扰沉睡之中的不幸。一时失足起初毫无意义，但随之而来的便是致命的无休止跌落。福不重至，祸必重来。天降祸事要耐心面对，人间祸事要小心应付。

255. 行善有方。点点滴滴，节制有度。施恩行善不宜过多，让人无以为报。施恩过多犹如施舍售卖，等于没做。不要耗尽他人感激之情。心怀感恩之情却无法报答，他们就会与你断绝来往。只要让人欠你很多便会失去他们。当他们不想偿还，便会远远走开，转身为敌。偶像不愿看到成就自身之人，受恩者也宁愿脱离施恩之人视野。切记施恩行善的微妙所在：礼物若要得人欢喜，应是他人迫切渴望又花费很小之物。

256．有备无患。 准备好应对那些粗鲁之人、顽固之人、虚荣之人，及各种各样愚蠢之人，他们数量众多，谨慎之举便是全面避开。日日谨慎为上，便会抵挡住他们的攻击。必须先知先觉，不要让自己声誉陷入粗俗的偶发事件中。谨慎之人不会被愚蠢之人攻击。人际关系中处处暗礁险滩，声望会因此搁浅而止。最好的办法便是改变路线，向尤利西斯这样的聪明人讨教。此时躲避方为妙招，尤其是要大方有礼，此乃脱离困境的最佳捷径。

257．断交之举须有顾忌，否则你会身败名裂。 人人都可以成为好的对手，但并非人人都可以成为好朋友。很少有人行善，但几乎人人可以作恶。与甲虫决裂之后，老鹰即便在朱庇特怀里下蛋也感觉危机四伏。言语过于唐突便会引发伺机而动的小人的怒火。你得罪过的朋友会成为最大劲敌：他们无视自己的过失，一切归咎于你。当他人看到我们与朋友分道扬镳，他们所言所感都是自身所感所想。他们批评我们建立友谊时不够谨慎，结束友谊时过于拖沓。若分手不可避免，应温和体面，情有可原，缓缓而至而不要令人猝不及防。这时适可而止，见好就收这条警句就可派上用场。

258．寻找共担自身不幸之人。 如此即便险境重重，你也不会孤身一人，不必承受他人所有敌意。有人想要独自掌控一切，他所做的便是接受所有批评。所以寻找一位可以宽恕你且愿助你承受苦难之人。毕竟幸运之神与闹事之徒不会同时兼顾两个人。诊疗失误的医者，与抬棺之人商议才不会出错。他们共负其重，共担悲痛，若独自一人承担，不幸之事会让人加倍难以忍受。

259. 狭路相逢，化敌为友。 避开侮辱冒犯要比雪耻报复明智。化潜敌为密友须技巧高超。原本打算败坏你声望之人会变为你声望的守护者。了解如何让他人欠情并能化欺辱为感激对你大有裨益。化苦为乐即生活之道。让心怀恶意之人成为你的知己。

260. 莫为他人倾尽所有，也无人会对你付出一切。 血肉亲情尚不能如此，友情，甚至最为紧迫的责任感也不能如此。因为付出真心和强加意愿大有不同。最亲密的关系也会有所例外。无论与人如何亲近，有礼有节是原则。我们对朋友隐瞒这样那样的秘密，即便儿子也不会向父亲坦白一切。你对某人隐瞒之事会与他人交流，反之亦然。所以你所有的坦白、隐瞒只是因人而异。

261. 莫要执迷不悟。 有人对自身之过至死不悟。自己行为有失，一意孤行还自以为坚贞不移。内心深处，他们自我谴责；众人之前，却又为自己百般开脱。行事荒谬初始之时，人们以为其草率。如此一意孤行之时，人们便确认其愚蠢。轻率的许诺与错误的决心都不应该成为我们永远的桎梏。有人愚蠢还执迷不悔，目光短浅还继续前行，他们想成为愚忠之徒。

262. 学会遗忘。此举要求运气比技巧多。最应遗忘之事为最易记住之事。记忆该来之时不来为卑劣，该去之时不去又为愚蠢。痛苦的记忆挥之不去，幸福的记忆却又疏忽不清。有时烦恼的救赎就是遗忘，但我们忘记了如何遗忘。一念之间天堂，一念之间地狱，记忆该被好好培养训练，更为有礼有方才是。自满之人对此毫不在意，愚蠢无知总让人幸福快乐。

263. 他人快乐之事，格外诱人。他人开心，自己更为享受。快乐只有第一天才属于自己，随后就属于他人。归属他人之后，我们便会双重享受：不必忧虑失去，又有新奇之感。被剥夺之物总是格外香甜，他人之水也如同仙酿。事事占为己有，会令乐趣减少，烦恼增多：在借与不借他人之间纠结。你所拥有之物实际上也只是暂时替人保管，因此获益的对手却比朋友多。

264. 大意之时不可有。有时命运之神喜欢来个恶作剧，抓住任何时机攻你不备之时。才智、审慎、胆识，甚至智慧，都应万无一失应其考验。信心最足之时也是最不可靠之时。警惕之心越是必需之时越是杳无踪影。"从未想过"正是让我们绊倒跌重之由。对我们静观默察之人会用如此手段，仰观俯察之时趁人不备下手。他们了解我们慎重之时，狡诈之徒对此毫不在意。他们选择出其不意之时攻其不备。

265. 让倚赖之人身陷困境。特定之时的冒险之地会成就很多人：人于溺水之时学会了游泳。如此很多人发现了自身价值所在，增长了知识，若非如此，所有这一切将被怯懦所掩盖。困境赋予我们一战成名的机会，高尚之人若发现自己的荣誉岌岌可危，比起众人，他自己会竭尽所能去维护。天主教君主伊莎贝尔深知这一道理（同其他道理一样），正因如此，哥伦布和其他许多人都名流千古。如此微妙之举，她造就了很多伟人。

266. 与人为善，过犹不及。若从不生气，便是恶人。毫无感情之人不是真正的人。如此行事之人不是因为麻木而是因为愚蠢。因情势所需，感慨万端才能成就真正的人。即便小鸟也会嘲弄稻草人。有苦有乐方能凸显品位非凡：纯粹的甜蜜是孩子和傻瓜的品位。若人麻木不仁到失去自我的与人为善便是罪大恶极。

267. 温言软语，和缓表达。利箭伤身，恶语伤心。润喉之糖让人口气清新。口吐芬芳须技巧精妙。大多数事情都可以用言语解决，言语自身便可以让你脱离困境。人们趾高气扬或垂头丧气之时，你可以装腔作势与之相处。王者之意尤其打动人心。甜言蜜语，即便对手也会喜欢。唯有温柔宜人，才能为人所爱。

268. 智者先下手为强，愚者后下手遭殃。同样的事情，时间不同而已。智者适时而动，愚者与之相反。若起始之时便智力迟钝，便会事事如此：本应想到的却被踩在脚底，左右颠倒，行事犹如左撇子般笨拙。若要出路唯有一条：越快越好。若非如此，本因乐意而行事便成了因必要而行事。智者会立刻衡量该做之事且早晚有序，行事之时心怀欣喜，声望渐升。

269. 利用自身新颖奇特之处。你新鲜奇妙之时长便是得人人尊崇之时长。新颖奇特因变化无穷而令人欢喜。品位会因此焕然一新。一位令人耳目一新的平庸之才要比一位耳熟能详的卓绝之才更受人重视。卓绝之才与我们来来往往之时便会衰败更甚。记住：新奇之荣耀转瞬即逝。三两日内，尊重不再。要利用初次得人尊崇的硕果，当它们飞逝而去之时，抓住你能抓住的一切。一旦新颖之处的热度不再，激情变冷，喜乐之情就会变为恼怒之情。毋庸置疑，万物皆有时，万事皆有尽。

270. 莫做谴责风行潮流的出头鸟。风行潮流，既能取悦众人，必有可取之处。不管多么莫名其妙，风行潮流为人所爱。怪异之举总是令人讨厌：错误之时，荒谬可笑。你对风行潮流嗤之以鼻便会遭众人鄙夷嘲讽，因品味不良被人孤立。若不知风行潮流之可取之处，应隐藏自身鲁钝之处，不要谴责一切；品味不良往往源于茫然无知。众口一词之事要么真实可取，要么心有所愿。

271. 若知之不多，各行各业坚持最为保险之举即可。众人也许认为你不够聪明，但会认为你踏实可靠。了解一切之人可天马行空冒险行事，若你一无所知还要冒险行事便是自取灭亡。坚持正确之事，凡是经过尝试测验之事不会有错。知之不多之人，此举便是通天大路。无论知之或不知，保险之举比怪异之举更为稳妥。

272. 售货有价，有礼更佳。如此之举会令他人觉得更义不容辞。自私自利之人所求无法与慷慨感激之礼相比。彬彬有礼，不仅仅是给予，还是对他人的约束。殷勤之举让我们觉得更义不容辞。对于高尚之人，免费给予之物比任何事物代价更高。你售货两次，价格不同，一次货物本身价格，一次礼节的价格。对于邪恶之徒，殷勤之举犹如胡言乱语，因为他们根本不懂春风化雨般的语言。

273. 人贵知心，了解他人性格方能洞察他人意图。了解起因方知结果。结果揭示其动机所在。悲观之人往往预见不幸，挑剔之人往往预测缺陷。他们只想到最坏结果，忽视了眼前的利好之处，因此便预言了可能导致的恶果。感情用事之人无法言明事情真相：他们受情绪影响而非受理性控制。人人都根据自己的感情或脾性发表意见，皆与事实相去甚远。你应该知道如何去辨析其真假面目，洞察出其真实内心。要知道常笑不止之人为愚蠢，从不言笑之人为虚假。小心常常质疑自己之人，因为其质疑次数过多，也因为其吹毛求疵，顾虑过度。对面目可憎之人不必期望太多。这种人因天生不足，便会伺机报复。貌美之人也往往愚蠢无知。

274. 风度迷人。这是一种聪明之类的魅力。风度迷人，彬彬有礼会赢得他人的好感与帮助。若不能令人满意，仅有功绩是不够的，令人满意才能得人赞颂，得人赞颂是我们驾驭他人最有利的手段。若他人认为你风度迷人实乃侥幸，此举需技巧相助，若有天赋加持，效果最好。魅力会引来善意，最终获得普遍支持。

275. 随波逐流，高贵自持。 不要总是看起来一脸严肃或一脸恼怒。若要赢得大众支持，必须舍弃一点端庄。偶尔你可以随波逐流，但不可因此失去自尊，公共场合被当作傻瓜之人私下也不会被当作聪明之人。一夕之间戏谑所失要比数年严肃庄重所得还多。不要总是与大众格格不入。特立独行就如同责难他人。不要像女人那般神经脆弱，过于敏感。即便是精神脆弱，一惊一乍也是荒谬可笑。男人的最佳品质便是看起来像个男子汉。女人可以模仿男人，但男人不该模仿女人。

276. 用天赋与修养共同焕新自身品质。 人常说境遇七年一变，此变应是提升自身品位。人生第一个七年，理性之年，从此之后每七年都应有新的完善。观察变化，助其发展，也希望别人有所精益。许多人因此改变自己的行事风格，改变自己的身份地位，改变自己的职业，有时直至发觉自己改变如此之大才如梦初醒。年仅二十，犹如孔雀般虚荣；三十而立，如猛狮般勇敢；四十不惑，如骆驼般努力；五十知天命，如毒蛇般狡猾；六十耳顺，如狗般顺从；七十从心而欲，如猴般欢闹；八十便一无是处了。

277. 一展才华，赫赫巍巍。 每人皆有一展才华之时，应抓住机会，因为无人可以日日取胜。勇敢之人身上细微之处也会闪闪发光，而真正耀眼之处足以令人震惊。若你既有才又知展示之道，结果必定惊人。有些国家知道如何让人眼花缭乱为之倾倒，西班牙便深谙此道，最为出众。世界创造之初，便有光将其显耀。显耀展示一番会满足所憾，弥补所失，赋予万物另外一种存在，植根现实之时更是如此。上苍既然赋予我们才能，便鼓励我们将其展示一番。此举需要技巧，即便最为杰出的才华也要视情势境遇而出，并非任何情形都会合时合宜。不合时宜之时炫耀展示只是徒劳之举。我们也不应装腔作势去卖弄显摆，卖弄显摆易流于自大虚荣，自大虚荣易招致轻蔑嘲笑。适度运用才能免流于俗套，智者之中，示才过度并不被他人看好。此处是一种无言胜有声，小小疏忽胜严谨的技巧。聪明的遮掩之举是赢得赞誉的最好途径，因为遮掩之举总会引发好奇之心。不要将自己的所有才华一举展示，要一点一滴，逐步增加，方为巧技。辉煌之后再续辉煌，掌声过后更多期待。

278. 莫要惹人注目。 若有人注意到你有意为之，你的才华便会成为缺点，你会备受冷落、孤立，会被贬为古怪之人。即便是美貌过分，也会有损声誉。若美得令人踌躇不前便是一种无礼冒犯，声名狼藉的怪异之举也是如此效果，后果更甚。有人希望自己恶名远播，四处寻找新方法来败坏自己的名声。即便是学识理解方面，过分解读也是迂腐之举。

279. 不必答复与你意见相左之人。 首先应判断清楚这种人是聪明之人还是仅仅粗俗而已。此举并不总是出于倔强顽固，有时是陷阱所在。小心留神，勿为前者所迷惑，勿为后者所欺诈。密探间谍最为谨慎小心，若有人持有窥探你内心的万能钥匙，你应在锁孔这一边以谨慎之钥与之对抗。

280. 做令人敬仰之人。 善行善举一去不返，如今人们不再知恩图报，很少有人对他人待之有道。全世界，最伟大的工作却回报最小。有些国家不想善待他人。一些国家，有人害怕背叛，另一些国家，有人害怕无常，还有一些国家，有人害怕欺诈。留意他人不良之举，不是为了模仿而是为了保护自己不受伤害。自身正直会被他人毁灭之举糟蹋殆尽。但光荣可敬之人不会因他人所为便忘记自身为人。

281. 得聪明之人赞同。 真正卓尔不群之人的一句平淡的肯定胜过一群乌合之众的掌声千倍。少见多怪之人的称赞又有何乐可言？智者基于理解而言，他们的赞美会带来持续不断的满足。头脑精明的安提柯二世㉕自降名声以推崇芝诺闻名，柏拉图以为亚里士多德代表整个学派。即便是糟粕之食，也有人想填饱肚子。君主也需要人们为其立

㉕ 马其顿国王，非常推崇斯多葛学派的创始人芝诺。

传，他们害怕立传之人之笔，比起丑陋之人害怕肖像画家之笔有过之而无不及。

282. 深藏不露，赢得敬重。频繁露面有损声望，深藏不露却会增其美誉。深藏不露之人如同山中猛狮，一旦露面便成为可笑的山中老鼠。礼物总被把玩便会失去光泽，人们看的都是外在皮毛而非内在精髓。想象力比视觉效果要好。耳听为虚，眼见为实，隐退之人，遁入自身名誉中心，仍可保持其盛名。即便凤凰也会离场以保自身尊严，将期望化为敬重。

283. 善于创造，但要合乎情理。别出心裁需要非凡智慧，但若无一丝疯狂又如何成事？善于创造之人心灵手巧；选择明智之人，小心谨慎。善于创造也是一种天恩，非常罕见，因为多数人善于选择，极少数人善于发明创造，正是这极少数人在才华和时间上先行一步，脱颖而出。新颖奇特惹人喜欢，若成功便会让美好之物更加流光溢彩。判断方面会有危险，因为创新总是似是而非。才智方面则值得称许，若二者兼具，则值得为之喝彩。

284. 莫管闲事，便不会被怠慢。若要得到他人尊重，首先应自尊自重。严于律己，莫要放纵。到需要你的地方去，你便会受到欢迎。不要不请自来，不要不招而去。若主动招惹是非，事败招人怨恨，事成无人感激。插手他人之事，你会成为众矢之的，干涉本不该干预之事，你便会被狼狈驱逐。

285. 勿因他人厄运而自毁前途。身处困境之人，常会请求援手安慰，以求共患难。不幸之人会向自己曾经背叛之人伸出双臂。拯救溺水之人时要小心谨慎，因为只有自己身处险境方能施以援手。

286. 莫要全然承恩受惠。全然承恩受惠于某人或众人，你便会沦为众人之奴。有人生来比较幸运，自己行善，他人受惠。与以自由为代价的礼物相比，自由更为珍贵。许多人倚赖于你，比你倚赖一个人更令人愉悦。拥有权力的唯一好处便是可以行大善之事。最重要之处在于，身负责任，不要当作承恩受惠。很多时候是聪明之人有意让你身处其位。

287. 为情所动，少安毋躁。冲动行事会把一切搞砸。若情绪失常，你会举止失常，激情冲动总会使人丧失理智。所以应寻求不为情所动的慎重的第三者。当局者迷，旁观者清。谨慎之人发觉情绪冲动之时，会即刻使其消退。若非如此，你会热血沸腾，鲁莽行事。短暂的爆发会引发连日混乱，有损名誉。

288. 顺应时势。统治管理，判断推理等一切都应顺应时势而行。能做之时放手去做，因为时不我待，机不可失。以合乎道德为本，生活不必为常规所约束，欲望也不必循规蹈矩，因为今日不屑一顾之物明日便会令你难以割舍。有人不切实际，希望时势因自己兴致所致改变，助他们成功一臂之力。如此本末倒置，十分可笑。但智者知道谨慎的要旨便是调整自身去顺应时势。

289. 人之奇耻大辱便是自证为人。人性十足之时无人会尊他为神。轻浮是成名路上的一大障碍。隐退之人更受人尊重，轻浮之人更受人轻视。轻浮之举最有辱人格，因轻浮与体面完全背道而驰。轻浮之人毫无内涵，年老之时尤甚，因为年纪越大越需要谨慎。尽管这种缺点不足为奇，但轻浮之举会招致极端藐视。

290. 赞赏与感情不可混为一谈。若要维持尊重，不要被爱过殷。爱比恨更受约束。感情与崇敬之情莫要混为一谈。要既不让人心生恐惧，也不令人心生爱慕。爱慕之情使人亲密熟稔，便再无敬重之意。要因为受人尊崇心生敬爱之意，不要因为受人爱慕生出感情。

291. 懂得考验他人之法。以专注力与判断力洞穿他人表面的庄重与矜持之象。衡量他人的判断力需要非凡的判断能力。了解他人品质性情要比了解石头草木之品性更为重要。生活之中最为微妙之处便在于此。听音辨金属，听言辨人品。言辞透露人品，举止透露更多。此处便需要非凡的谨慎之心、深入的观察之力，还有批判性的鉴别之力。

292. 个人品质高于工作要求。不管职位多么伟大，职位之上的人应更为伟大。每个职业之上卓越之才日渐卓越，愈加明显。心胸狭窄之人很容易陷入困顿，最终不胜重责，声名尽失。伟大的奥古斯都骄傲的不是自己身为王子本身，而是自身日渐完善之事。在这方面，人的内心需要有崇高的精神、充分的自信。

293. 成熟练达。成熟练达昭然于外表，更多见于人的习惯。黄金之价以重量衡量，人品之重以美德衡量。天赋才华之外有礼有节，便会赢得众人尊崇。成熟的灵魂外在镇定自若，这种镇定自若并非如同愚蠢之人所想的如同傻瓜们的麻木呆滞，而是一种平静的威严之感。如此境界所言睿智，所做成功。成熟练达便是真正成人。当你举止庄重，不再如同孩童般时，你便自生一种威严之感。

294. 温恭自虚。 每个人都会根据自身兴趣形成自身想法并以诸多理由给予支持。大多数人会受感情左右。两人相对，各执己见，不足为奇。但道理只有一个，绝无两面。如此情况之下，应小心机智行事，有时应易地而处，小心修正自身观点，从他人角度审视自己的动机，如此便不会盲目地责难对方，也不会盲目地自我辩护。

295. 少夸海口，多做实事。 最没有理由之人往往对自己所做之事最为自豪。他们把一切神秘化，毫无风度可言：求他人喝彩的变色龙般，徒增他人笑料。虚荣令人生厌，但此举令人嘲笑。有人如同乞丐般讨取功绩，像小蚂蚁般积攒荣誉。最伟大的才能最不应该吹嘘夸大。心安理得地做实事：令他人开口。功绩可以抛弃，但不可沽售。不要借人金笔让人以泥作画，如此荒诞，违背常识。与其看似英雄，不如真正英勇。

296. 做有雄才伟略之人。 最伟大的天赋才华造就最伟大之人。一个伟大天赋便胜过一众平庸之才。有种人可使万物都大气，即便日常器具也是如此。伟大之人应追求伟大精神。上帝之处，一切皆无穷无尽，一切皆广袤无边。因此英雄之人的一切也应宏伟磅礴，如此其所行之事、所言之辞便有了卓越雄伟之色。

297．行事举止，如有人行监坐守。行为谨慎之人知道别人在看他或即将看到他。他知道隔墙有耳，恶事传千里。即便独身一人，他的举止也慎重到如同全世界都在监督他，他知道一切都会公布于世。他行事举止好似有很多目击证人在场：那些一有风吹草动便会成为目击证人之人。想要人人了解自身之人，别人搜查其住宅之时，稳坐家中，毫不在意。

298．三种高贵极致之物造就非凡之人。丰富的学识，深刻的判断力，令人愉悦又得体的品味。想象之力天赋异禀，但善于推理并能了解善人善举更为伟大。智慧学识应该敏捷锐利，而非拖拉疲杳。学识乃头脑之产物而非人之脊梁。人年方二十，意志力最强。三十智力最强；四十判断力最强。某些理解和体会平日难觅踪影，犹如猞猁之眼，黑暗之处最容易判断与识别。还有些人总是善于抓住关键之处。他们面前事事清晰有序。啊，多么丰富的智慧！至于良好品味，是人一生的调味剂。

299．让人欲求不满。在他们嘴唇之上抹上甜液蜜浆。欲望有多大，尊崇便有多甚。如同口渴一般，不必解渴，缓解便好。善若少，则善倍。善若加倍便成了不费之惠。满心愉悦是危险的，即便最永恒卓越之事也会因此遭受嘲弄。令人愉悦之法则——吊足胃口，欲求不满。迫不及待的欲望比酒足饭饱的倦怠作用更多，等待越久，愉悦越多。

300. 道德崇高代表一切。美德是所有美好之串联，是一切幸福之中心。她使你谨慎、明辨、精明、通达、智慧、勇敢、小心、诚实、快乐、可敬、真实……总之，使你成为普天之下的一个英雄。三样美德使人幸福——圣洁、智慧和审慎。美德是这凡世间的太阳，美德的一半在于良知。美德如此可爱，上帝恩宠，众生青睐。美德最可爱，恶行最可恨。只有美德实实在在，其他一切皆是浮云。才能与伟大取决于美德而非运气，只有美德自给自足，才能使我们热爱生者，不忘逝者。

警句目录

1. 凡事尽善尽美后，成就真我方为完美之巅。

2. 性格与才智，个人天赋才能的两大支柱。

3. 凡事留有悬念。

4. 学识和胆识共同造就伟业。

5. 为人依仗，受人依赖。

6. 力求完美。

7. 不争领导锋芒。

8. 精神品质之巅：不意气用事。

9. 力克故土的不足之处。

10. 名声与财富。

11. 择师而友。

12. 自然与艺术，素材与人工。

13. 通晓他人意图，谋定而后动。

14. 现实与风度。

15. 广纳贤才。

16. 学富五车，心术虔诚，方能马到成功。

17. 行事作风，千变万化。

18. 实力与实干。

19. 事情伊始，不使人期望过高。

20. 生逢其时者。

21. 成功之道。

22. 眼观六路，耳听八方。

23. 瑕不掩瑜，遮掩有道。

24. 羁束幻想。

25. 见微知著，洞烛机先。

26. 掌握他人弱点为把柄。

27. 术业有专攻，杂不如精。

28. 万事须超凡脱俗。

29. 守正不阿，立场坚定。

30. 不沾染污臭粗鄙之事。

31. 结交幸运儿，远离倒霉鬼。

32. 平易近人，为人所知。

33. 取舍有时。

34. 特长天赋，自知自明。

35. 要事深思熟虑，遇事仔细斟酌。

36. 借势而为。

37. 善听弦外之音，巧加利用。

38. 适可而止，见好就收。

39. 躬逢其盛，恰逢其时，因利乘便。

40. 慈悲为怀。

41. 万勿言过其实。

42. 生而为王者。

43. 心从少数，话随大溜。

44. 与伟人意气相投。

45. 有机可乘，不可滥用。

46. 控制抵触情绪。

47. 行险侥幸不可取。

48. 思想深刻，为人真实。

49. 看得透，摸得准。

50. 自尊不恣意。

51. 选择须有方。

52. 遇事沉着冷静。

53. 头脑聪慧，功在不舍。

54. 胆大如虎，心细如发。

55. 耐得住寂寞，学会等待。

56. 思维敏捷。

57. 深思远虑者更为稳妥可靠。

58. 融入周边。

59. 善终善了。

60. 断事如神。

61. 崇高事业上冠绝群雄。

62. 进贤用能。

63. 先下手为强。

64. 悲痛忧伤，避而远之。

65. 品味高雅。

66. 修成正果。

67. 从业当博满堂彩。

68. 不吝指教他人。

69. 任何时候都不要感情用事。

70. 拒绝有方。

71. 凡事应持之以恒。

72. 坚决果断。

73. 退避有道。

74. 与人为善。

75. 以英雄为榜样。

76. 不要总开玩笑。

77. 与他人相处，灵活应变。

78. 善于试验。

79. 性格风趣幽默。

80. 所听所闻，小心为上。

81. 浴火重生，再现辉煌。

82. 不偏不倚，中道为贵。

83. 允许自己犯些无伤大雅之错。

84. 从敌人身上学习。

85. 不做丑角牌、万金油。

86. 流言止于智者。

87. 文化和教养。

88. 待人豁达大度。

89. 有自知之明。

90. 过得好，活得久。

91. 慎以行师。

92. 冷静睿智，处事不惊。

93. 做带动全局之人。

94. 令天赋高深莫测。

95. 让人希望永存。

96. 博物通达。

97. 扬名立万并加以维护。

98. 不露形色。

99. 真相与表象。

100. 莫受制于谎言与错觉。

101. 五十步笑百步，全是傻瓜。

102. 承大运，吃得消。

103. 人人皆有属于自己的尊严。

104. 明察工作需求。

105. 莫要喋喋不休惹人烦。

106. 切勿自我标榜。

107. 切勿自鸣得意。

108. 成就真我的捷径：善与人交。

109. 莫要苛责他人。

110. 不要等到自己日薄西山。

111. 拥有朋友。

112. 争取他人善意。

113. 未雨绸缪，以备不测。

114. 不与人争。

115. 习惯亲朋好友的弱点，如同习惯面对丑恶的面孔一般。

116. 与有原则之人打交道。

117. 莫要谈论自己。

118. 以礼闻名。

119. 莫要惹人生厌。

120. 一切从实际出发。

121. 莫要无事生非。

122. 善于掌控言行。

123. 莫要装腔作势。

124. 做众望所归之人。

125. 他人过失，不必挂怀。

126. 行事不善匿影藏形方为愚蠢。

127. 万事从容洒脱。

128. 高风亮节。

129. 从不抱怨。

130. 踏实做事且善于展现。

131. 气度英勇豪迈。

132. 深思熟虑。

133. 与人共醉胜过自己独醒。

134. 积存储备，加倍益善。

135. 莫唱反调。

136. 权衡轻重缓急。

137. 智者自立自足。

138. 闲事莫问。

139. 低眉倒运之日常有。

140. 凡事取其精华。

141. 不妄听自身之言。

142. 莫要错选却又执迷不悟。

143. 莫要为了出尘脱俗便巧言诡辩。

144. 以退为进，后发制人。

145. 伤口勿示人前。

146. 极深研几。

147. 莫要拒人千里，难以接近。

148. 善于言辞。

149. 转移焦点。

150. 推销宣传有方。

151. 计深虑远。

152. 不与令自己黯然失色之人为伍。

153. 莫要踏足难越鸿沟。

154. 莫轻信，莫轻爱。

155. 善于掌控激情。

156. 择交而友。

157. 莫要识人不清。

158. 善用朋友。

159. 懂得忍耐愚者之道。

160. 出言谨慎。

161. 了解自己无伤大雅的缺点。

162. 战胜嫉妒与怨恨。

163. 莫要同情心泛滥导致自己深受其害。

164. 投石问路。

165. 战而有道。

166. 善辨只说不做之人与只做不说之人。

167. 自力更生。

168. 莫要成为一个蠢怪之物。

169. 百发百中不如避免一次失手。

170. 万事万物，有所保留。

171. 莫要浪费人情。

172. 切勿与一无所有者相争。

173. 与人相处，莫要同玻璃般脆弱。

174. 人生莫匆匆。

175. 做一个有内涵之人。

176. 有自知之明或听从有自知之明之人。

177. 莫要与人过于亲近或让他人过于亲近你。

178. 随心而动。

179. 沉毅寡言乃才华之封印。

180. 不要受制于对手该做之事。

181. 莫要谎言谎语，也莫要直言不讳。

182. 人前稍示勇气，不失为处世之智。

183. 莫要一意孤行。

184. 莫要拘泥于虚礼。

185. 切莫孤注一掷赌名声。

186. 知其不足，即便表象并非如此。

187. 众人所乐之事，亲力亲为。

188. 善于发现可赞美之事。

189. 雪中送炭更暖人心。

190. 在万事万物中寻找慰藉。

191. 莫为恭维买单。

192. 平心静气之人长命百岁。

193. 小心假装事事以你为重之人。

194. 切合实际看待自身与自身之事。

195. 懂得识人之道。

196. 了解自己的幸运之星。

197. 不要栽在傻瓜手中。

198. 懂得迁移之道。

199. 欲得人心，小心为上。

200. 有所期待便不会贪心不足。

201. 世人半数看似愚蠢，半数看似正常。

202. 言行一致方为完人。

203. 了解同时代的伟人。

204. 举轻若重，反之亦然。

205. 学会利用藐视。

206. 须知粗俗之辈无处不在。

207. 卑己慎行。

208. 莫要愚蠢致死。

209. 摆脱大众愚迷。

210. 应对真相，取之有道。

211. 一念天堂，一念地狱。

212. 切莫全盘托出自身绝艺。

213. 驳难有方。

214. 行不贰过。

215. 谨防心怀不轨之人。

216. 表情见意，清晰简易。

217. 切莫爱恨不变。

218. 万事须深思熟虑，切莫执迷不悟。

219. 莫因诡计多端闻名于世，即便你生活中与之形影不离。

220. 若不能成为王者，狐假虎威也好。

221. 莫要鲁莽。

222. 小心翼翼的瞻前顾后乃谨慎之象。

223. 莫要怪里怪气，异乎寻常。

224. 随遇而安。

225. 了解自身主要不足。

226. 博取众人好感。

227. 莫为第一印象所惑。

228. 莫要造谣生事。

229. 分配生活，英明睿智。

230. 大梦初醒，为时未晚。

231. 未完之事勿示人前，完美之后再供人欣赏。

232. 躬行实践一番。

233. 深谙他人品味，投其所好。

234. 若自身荣耀委以他人，他人荣耀便可为质。

235. 求人有方。

236. 将酬功恩赏转为人情。

237. 切莫与更强者分享秘密。

238. 了解自身不足之处。

239. 莫要自作聪明。

240. 利用愚蠢，学会装傻。

241. 允许他人取笑自己，不取笑他人。

242. 将胜利坚持到底。

243. 不要总是温和一派。

244. 让他人欠自己人情债。

245. 有时应不合情理地去推论。

246. 不必主动解惑释疑。

247. 学识须多多益善，生活须避繁就简。

248. 莫为最新印象所惑。

249. 莫等日暮西山之时才开始生活。

250. 逆向推理须有时。

251. 人力与神力之计。

252. 不要完全为自己或完全为他人而活。

253. 不要把想法表达得过于清楚。

254. 不要轻视小小祸事。

255. 行善有方。

256. 有备无患。

257. 断交之举须有顾忌，否则你会身败名裂。

258. 寻找共担自身不幸之人。

259. 狭路相逢，化敌为友。

260. 莫为他人倾尽所有，也无人会对你付出一切。

261. 莫要执迷不悟。

262. 学会遗忘。

263. 他人快乐之事，格外诱人。

264. 大意之时不可有。

265. 让倚赖之人身陷困境。

266. 与人为善，过犹不及。

267. 温言软语，和缓表达。

268. 智者先下手为强，愚者后下手遭殃。

269. 利用自身新颖奇特之处。

270. 莫做谴责风行潮流的出头鸟。

271. 若知之不多，各行各业坚持最为保险之举即可。

272. 售货有价，有礼更佳。

273. 人贵知心，了解他人性格方能洞察他人意图。

274. 风度迷人。

275. 随波逐流，高贵自持。

276. 用天赋与修养共同焕新自身品质。

277. 一展才华，赫赫巍巍。

278. 莫要惹人注目。

279. 不必答复与你意见相左之人。

280. 做令人敬仰之人。

281. 得聪明之人赞同。

282. 深藏不露，赢得敬重。

283. 善于创造，但要合乎情理。

284. 莫管闲事，便不会被怠慢。

285. 勿因他人厄运而自毁前途。

286. 莫要全然承恩受惠。

287. 为情所动，少安毋躁。

288. 顺应时势。

289. 人之奇耻大辱便是自证为人。

290. 赞赏与感情不可混为一谈。

291. 懂得考验他人之法。

292. 个人品质高于工作要求。

293. 成熟练达。

294. 温恭自虚。

295. 少夸海口，多做实事。

296. 做有雄才伟略之人。

297. 行事举止，如有人行监坐守。

298. 三种高贵极致之物造就非凡之人。

299. 让人欲求不满。

300. 道德崇高代表一切。